シリーズ 農学リテラシー ・・・・・・・・・・・・・ 森田茂紀［総編集］

エネルギー作物学

森田茂紀［編著］

朝倉書店

執筆者一覧

森田　茂紀*	東京農業大学農学部デザイン農学科
服部太一朗	農業・食品産業技術総合研究機構 九州沖縄農業研究センター
関谷　信人	三重大学大学院生物資源学研究科資源循環学専攻
金井　一成	東京農業大学大学院農学研究科
塩津　文隆	明治大学農学部農学科
阿部　　淳	東海大学農学部
高田　圭祐	前東京農業大学農学部
桐山　大輝	東京農業大学大学院農学研究科
土肥　哲哉	日本有機資源協会
松田　浩敬	東京農業大学農学部デザイン農学科

（執筆順，*は編著者）

まえがき

　地球温暖化対策や石油枯渇対策として，再生可能エネルギーが世界的に注目されている．日本でも，とくに東日本大震災以降，日本のエネルギーのベストミックスについて再検討されており，太陽光発電，風力発電，地熱発電だけでなく，バイオマスエネルギーが取り上げられることも増えてきた．日本の場合はバイオマスの利用が，単に地球温暖化対策や石油枯渇対策となるだけでなく，農業振興・地域振興につながることも重要なポイントである．

　バイオマスエネルギーの事業化を考えていく場合，変換・製造工程における技術開発が注目されることが多いが，実は原料となるバイオマスの安定的確保が前提として重要である．しかし，トウモロコシやコムギのような食用作物をバイオマスエネルギーの原料作物として利用することには世界的に批判があり，非食用のセルロース系原料作物の目的栽培が期待されているし，食料生産との競合を避けるためには耕地を利用しないことが望ましい．ところが，バイオマス原料となるエネルギー作物の栽培についての研究は，イネ・コムギ・ダイズといった食用作物に比較すると，圧倒的に不足している．

　編者は，2007〜2008年度の2年間，新エネルギー産業技術総合開発機構（NEDO）の大学発事業創出実用化研究開発事業「セルロース原料からの高効率エタノール製造モデルシステムの構築」を，新日本石油（株）（現，JX日鉱日石エネルギー（株））と共同して進めた．またその成果を踏まえて，2009〜2013年度の5年間，NEDO研究開発プロジェクトのセルロース系エタノール革新的生産システム開発事業の「バイオエタノール一貫生産システムにおける研究開発」に，バイオエタノール革新技術研究組合（JX日鉱日石エネルギー（株）・三菱重工メカトロシステムズ（株）・トヨタ自動車（株）・鹿島建設（株）・サッポロエンジニアリング（株）・東レ（株）が2009年3月に設立）と共同して取り組んだ．

　これらのプロジェクトを進める中でエネルギー作物の栽培研究を進めた結果，従来の食用作物学とは異なる考え方が少なくないことが明らかとなってきた．そ

こで，上記2つのプロジェクトに直接関わったメンバーが集まり，エネルギー作物学という新しい分野の立上げを試みた．具体的にはエリアンサスやネピアグラスを中心に，その栽培からエネルギー利用，システムデザインや政策までを含めて概観することを目指した．まだ研究が十分に進んでいない部分があることはいうまでもないが，東日本大震災復興支援や耕作放棄地対策だけでなく，日本におけるエネルギーのベストミックスを検討するために参考となれば望外の喜びである．

なお，これらの仕事を進めるにあたり，NEDOのほか，東京大学，JX日鉱日石エネルギー（株），新技術開発財団，住友財団，東京農業大学からご支援を頂いたことに感謝したい．

2018年6月

編著者　森田茂紀

「農学リテラシー」，「農学2.0」は，森田茂紀氏の登録商標です．

目　　次

第1章　バイオマスエネルギー　〔森田茂紀〕…1
1-1　持続的社会構築の課題 …1
1-2　バイオマスエネルギー …4
1-3　エネルギー作物の要件 …6
1-4　エネルギー作物学の構築 …8

第2章　エネルギー作物の分類と特徴 …10
2-1　エネルギー作物の分類　〔森田茂紀〕…10
2-2　糖質系エネルギー作物　〔服部太一朗〕…12
2-3　セルロース系エネルギー作物　〔関谷信人・森田茂紀〕…18

第3章　エネルギー作物の栽培戦略　〔服部太一朗〕…23
3-1　バイオエタノール生産のエネルギー効率 …23
3-2　温室効果ガス削減効果と土地利用の変化 …26
3-3　エネルギー作物栽培の課題と戦略 …27

第4章　エネルギー作物の栽培地選定　〔関谷信人〕…31
4-1　エネルギー作物と農地利用問題 …31
4-2　エネルギー作物の栽培地探索—実際の事例から— …35

第5章　エネルギー作物の栽培システム　〔関谷信人〕…44
5-1　多年生作物の栽培研究 …44
5-2　エネルギー作物の栽培技術 …47
5-3　条抜き多回刈りの考案 …51

第6章　エネルギー作物の群落発育学 ……………〔金井一成・森田茂紀〕… 55
- 6-1　収量形成と群落の発育 ……………………………………………… 55
- 6-2　群落の発育と構造の解析 …………………………………………… 56
- 6-3　群落の構造と形成過程 ……………………………………………… 59
- 6-4　群落構造と栽培管理法 ……………………………………………… 67

第7章　エネルギー作物のストレス耐性 ……………〔塩津文隆・阿部　淳〕… 70
- 7-1　根系形成とストレス反応 …………………………………………… 70
- 7-2　根の構造とストレス耐性 …………………………………………… 74
- 7-3　不良土壌条件での栽培試験 ………………………………………… 80

第8章　エネルギー作物の栽培収穫後 ……………〔金井一成・高田圭祐・桐山大輝・森田茂紀〕… 83
- 8-1　作物栽培とエネルギー ……………………………………………… 83
- 8-2　収穫システムの最適化 ……………………………………………… 85
- 8-3　乾燥システムの最適化 ……………………………………………… 87
- 8-4　運搬システムの最適化 ……………………………………………… 91
- 8-5　利用システムの最適化 ……………………………………………… 92
- 8-6　耕作放棄地の分類と対策 …………………………………………… 95

第9章　バイオマスエネルギーの変換 …………………………〔服部太一朗〕… 100
- 9-1　バイオマスエネルギーの変換と利用 ……………………………… 100
- 9-2　バイオエタノールの原料と製造工程 ……………………………… 102

第10章　バイオマスエネルギーの利用 ……………………………〔土肥哲哉〕… 114
- 10-1　バイオマス発電の動向 …………………………………………… 114
- 10-2　バイオガス発電の動向 …………………………………………… 117
- 10-3　バイオマス発電の展望 …………………………………………… 118
- 10-4　バイオマス産業都市構想 ………………………………………… 120
- 10-5　ドイツのバイオマス利活用 ……………………………………… 121

第 11 章　エネルギー作物としてのイネ……………〔塩津文隆〕… 125
11-1　日本農業とイネのバイオマス利用………………………… 125
11-2　耕作放棄地とイネのバイオマス生産………………………… 127
11-3　イネのバイオマス利用と多様なイネ………………………… 129
11-4　米のバイオエタノール化実証事業………………………… 132
11-5　イネのバイオマス利用の課題と展望………………………… 134

第 12 章　エネルギー作物と地域振興……………〔阿部　淳〕… 138
12-1　バイオマスとエネルギー作物………………………… 138
12-2　エネルギー作物の試験栽培………………………… 140
12-3　福島原発事故被災地での利用………………………… 142
12-4　阿蘇におけるススキの利用………………………… 146

第 13 章　エネルギー作物の持続可能性……………〔関谷信人〕… 148
13-1　エネルギー作物の課題………………………… 148
13-2　エネルギー作物の根系………………………… 152

第 14 章　バイオマスエネルギーの社会学……………〔松田浩敬〕… 156
14-1　バイオ燃料導入の動き………………………… 156
14-2　バイオ燃料導入の背景………………………… 157
14-3　バイオ燃料生産の現状………………………… 159
14-4　バイオ燃料の特性と疑問………………………… 163
14-5　バイオ燃料と持続的農業生産………………………… 167

索　　引………………………………………………………… 169

第1章 バイオマスエネルギー

☀ 1-1 持続的社会構築の課題

a. 食料・環境・資源エネルギー問題

人類の長い歴史の中で，20世紀，地球上の人口は指数関数的に増加し，現在70億人を超えており，21世紀中には90〜100億人に達すると考えられている（図1.1）．その後の動きについては研究者間でも見解が異なるが，定常状態になるか，減少過程に入るとする見方が多い．

今後の見通しは別にしても，20世紀には人口増加に伴って食料を確保するとい

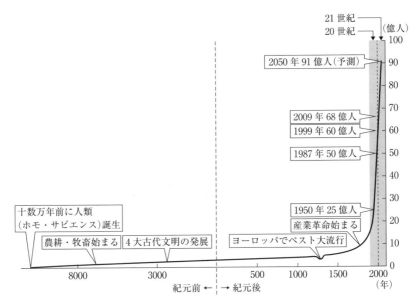

図1.1 世界人口の推移（「生存の条件」を読み解くために：データ集（旭硝子財団）より作成）

う観点から，多くのエネルギーが農業に投入された．その結果，農業生産は上がり，計算上は人口増加に見合う食料増産が達成できた．

これに限らず，より便利で，より快適な生活を目指した結果，様々な問題も発生した．たとえば，1960年代に日本で問題が顕在化した公害がある．これは，技術発展の結果，ある程度克服されてきた．しかし，特定の場所や特定の条件で発生していた公害問題は，より広い地域あるいは地球全体に関わるような環境問題となってきた．

その代表的なものが地球温暖化であり，農業も含めて，様々な局面に悪影響が出始めている．その原因と考えられている温室効果ガスとして，量的に最も多いのは二酸化炭素である．1970年頃には約320 ppmであったのが，その後一貫して上昇し，現在，400 ppmを超えている（図1.2）．

このように大気中の二酸化炭素濃度が上昇してきたのは，産業革命後，人類が化石エネルギーを掘り出し，燃焼させたことが大きな理由である．その化石エネルギーも，新しい油田の発見数は急激に減少しており，価格上昇や技術開発，代替エネルギーの利用など状況変化によって早い遅いはあるだろうが，ピークオイル（石油産出量が最大の時期）を越えたとみる研究者も多い．現在，埋蔵されている石油を経済的に掘り出して利用することができる可採年数は，今後，減少していくことが想定される（図1.3）．

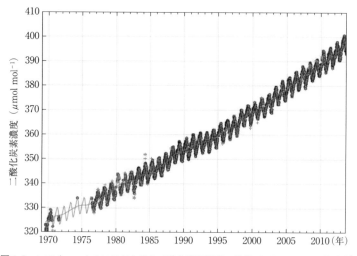

図1.2 ハワイ，マウナロアにおける二酸化炭素濃度の推移（NOAAデータを改変）

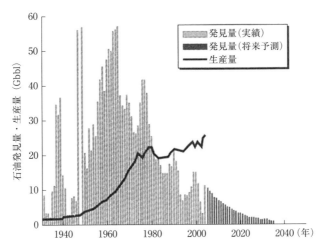

図 1.3 石油の発見量と生産量（ASPO Newsletter 48（2004）を改変）

b. トリレンマと持続的社会の構築

以上のように，現在，人類は様々な問題に直面している．その背景にある人口問題は，単に地球全体で増加していることだけが問題ではなく，地域や国によって具体的な動きが異なっている．人口転換を経て，早い遅いはあっても人口減少に向かうことが予測され，地域間の移動なども考慮する必要がある．いずれにしても，地球全体では人口増加がもうしばらく続くことは確実であり，また食料は必ずしも公平に分配されていないため，食料安全保障の観点から食料を安定的に増産していくことは必要である．

一方で，食料生産としての作物栽培は，機械や肥料農薬を利用することで多くのエネルギーを利用しており，結果として二酸化炭素が放出される．それに伴って地球温暖化が進めば，逆に農業生産が低下することが多くなる．また農業生産

図 1.4 持続的社会への課題

に多量に必要となる窒素肥料は，大気中の窒素から製造できるが，リンは窒素のように循環しないため，枯渇が懸念されている．

人類が直面している課題は多いが，食料，環境，資源・エネルギーという相互に関係する3つの問題に整理することができる（図1.4）．そして，その背景に人口問題がある．このような課題を解決して，持続的な社会を構築していくことが当面の人類の目標である．

1-2 バイオマスエネルギー

a. 再生可能エネルギー

持続的社会を構築していくための1つの手段として，再生可能エネルギーの生産（厳密にいえば変換で，便宜上の表現）と利用がある．自然エネルギー，新エネルギー，あるいは代替エネルギーという用語も，ほぼ同義で使われることが多い．本書では，細かい定義や内容の違いは議論に大きな影響を与えないので，再生可能エネルギーで一括しておくことにする．

代表的な再生可能エネルギーには，太陽光発電，風力発電，水力発電，地力発電，潮汐発電などに由来する電気エネルギーがある．化石エネルギーが比較的短期間に枯渇することが懸念されているのに対して，再生可能エネルギーは利用と同等以上のスピードで補充することができるため，ほぼ無尽蔵に利用できる．また，発電・発熱過程で二酸化炭素をほとんど排出しないこと（カーボンニュートラル）が特徴である．

再生可能エネルギーは，太陽光発電や風力発電のように，各地域の自然条件を有効に利用するものであるが，反対に地域の自然条件や社会条件に大きく規定される側面がある．たとえば，中国の新疆地区の砂漠では一年中，熱風が吹いている．ここでは，見渡す限り風力発電の風車が設置されており，自然条件をうまく利用した再生可能エネルギーの生産といえる．また太陽光発電なら，地球上のどこでもできるかといえば，やはり適，不適がある．すなわち，太陽光発電を行うには年間を通じて日射量が多く，しかも天気が安定して，晴天の日が多く日照量が多いことが前提条件となる．これらの条件だけを考えると砂漠は適地であり，サハラ砂漠で太陽光発電を行い，ヨーロッパに送電しようというアイデアもある．

b. バイオマスエネルギー

再生可能エネルギーの中で，バイオマスに由来するバイオマスエネルギーは，

その他のものとやや異なる特徴をもつ．まず，バイオマスという用語についてみておこう．バイオマスというのは，もともとは生態学において，植物の個体や群落の現存量を示す用語として使われることが多かった．最近は，バイオマスの意味が広がり，再生可能な生物由来の有機性資源（ただし，化石資源を除く）と定義されている．

この定義だけでもピンとこないので，具体的な事例をあげてみよう．日本のバイオマス政策の基礎となるバイオマス・ニッポン総合戦略では，バイオマスを廃棄物系，未利用系，資源作物，新作物の4つに分けている．廃棄物系には畜産資源（家畜排せつ物など），食品資源（生ゴミなど），産業資源（パルプ廃液など），林産資源（おがくずなど），下水汚泥が，未利用系には林産資源（林地残材など），農産資源（稲わら，もみ殻，麦わらなど）がある（図1.5）．廃棄物系バイオマスの利用はすでにかなり進んでいるが，未利用系バイオマスはまだほとんど使われていない．

したがって，今後は，未利用系バイオマスの利用を推進していく必要がある．さらに，バイオマスの積極的な利用という観点から，バイオ燃料の原料とするエネルギー作物の目的栽培が考えられる．本書では，このエネルギー作物を目的生産することを想定して，食用作物学とは異なる視点で作物学や栽培学を組み立てる．

図1.5　バイオマスエネルギーとは（農林水産省資料）

1-3 エネルギー作物の要件

　本書では,バイオ燃料としてバイオエタノールやペレットを想定し,その原料としてエネルギー作物を栽培し,利用するシステム全体を取り上げる.その前提として,エネルギー作物がどういうものであるか,あるいはどういうものであることが期待されるかを,まず簡単に整理しておく(表1.1も参照).これは,エネルギー作物学が従来の食用作物学とは異なることについておおまかな見通しをもつことが,何が問題か,その背景にどういうことがあるかを理解するために役立つからである.したがって,それぞれの内容についての理由や背景は,次章以降で何回か取り上げることになる.

　a. 高バイオマス生産性

　バイオ燃料の原料としてエネルギー作物を栽培する場合,どのような特性が求められるであろうか.まず,バイオマスエネルギーのコストを削減するために,できるだけ投入エネルギーを減らし,できるだけ多くのバイオマスを生産する必要がある.そこで,バイオマス生産性が非常に高いことが第一の条件となる.

　b. 高ストレス耐性

　ただし,実際に,どこで栽培するかも考えなければならない.食用作物の場合,イネなら水田で,トウモロコシなら畑で栽培することが当然の前提であり,この点については何も考える必要がない.しかし,以下の章でも考察するように,食料とエネルギーとの競合を回避するためには,非食用のエネルギー作物を栽培することだけでは不十分である.最終的には,それを非農地で栽培することが求められる.

　そのため,農地としての条件が悪いところでの栽培,すなわち,不良土壌条件で栽培することを考えて,乾燥や過湿,貧栄養や塩類集積のようなストレスに対して耐性が高いことが期待される.

　c. 多年生草本植物

　高いバイオマス生産性と高いストレス耐性を併せもつエネルギー作物としては,いくつかの候補があがっている.その多くはイネ科に属し,C_4型光合成を行う,多年生の草本植物である.

　食用作物はほとんどが草本植物であり,光合成についてはC_3型もあるしC_4型もある.ただし,果樹を除いて多年生作物が少なく,飼料作物を除けば多年生草

本植物はないと考えてもよい．すなわち，多年生の飼料作物が参考になるところがあるものの，エネルギー作物学では多年生草本植物の作物学や栽培学を構築する必要がある．

d. 低投入持続的栽培

エネルギー作物はバイオ燃料原料として利用することを想定しており，最終的には石油枯渇対策や地球温暖化対策として貢献することが期待されている．したがって，エネルギー作物の栽培や利用の過程で多くのエネルギーを使って，多くの二酸化炭素を排出することは避けなければならない．

そのため，エネルギー作物の栽培は低投入で可能なものであり，かつ長年にわたって持続的なものである必要がある．低投入持続的な作物栽培は食用作物でもうたわれるようになってきたが，エネルギー作物の場合はそれが食用作物以上に強く求められることになる．

e. 生育特性と栽培管理

エネルギー作物も群落状態で栽培することは，食用作物と同じである．ただし，個々の株がかなり大型となる多年生草本植物である点が，食用作物の場合と異なっている．したがって，群落の高バイオマス生産性を支えている群落構造の経年変化については，改めて解析する必要がある．また，ストレス耐性との関係では根系調査が必要であるが，根域がかなり広いこともありえる．

エネルギー作物のほとんどは，生育特性に関する研究が必ずしも十分に進んでいない．そのため，刈取り後の再生を含めて生育特性を押さえ，群落形成との関係を明らかにしておく必要がある．

表1.1 食用作物とエネルギー作物の特性比較

特　性	食用作物	エネルギー作物
草本・木本	草本が多い	草本が多い
光合成	C_3型/C_4型	C_4型が多い
バイオマス生産性	比較的高い	非常に高い
ストレス耐性	比較的高い	非常に高い
年　生	一年生が多い	多年生が多い
収穫部分	子実のみ	地上部全体
投入エネルギー	比較的少ない	非常に少ない
栽培場所	水田と畑	非農地・耕作放棄地

☼ 1-4　エネルギー作物学の構築

a. 何を，どこで，どのように？

　以上のように，バイオ燃料の原料とするエネルギー作物は，農地ではない不良土壌条件でも栽培するためにストレス耐性が高く，そこで，多くのエネルギーを投入しないでも高いバイオマス生産を長年にわたってあげることができるようなものでなければならい．このようなエネルギー作物の栽培システムを構築していくための研究課題を整理すると，①どのエネルギー作物を栽培するか？　②そのエネルギー作物をどこで栽培するか？　③そのエネルギー作物をどのように栽培するか？　という3つに集約することができる．この3つの課題に答えていくことが，エネルギー作物学を形づくることになる．

b. 栽培利用システム全体を考える

　エネルギー作物を栽培する場合，根系を除き，ほぼ地上部全体を刈り取り，利用することが想定される．食用作物で，子実部分や特定の肥大部分を収穫するのとは異なる点である．反対にいえば，収穫部分を大きく，多くするための工夫は必要なく，地上部全体の生育促進を考えればよいという点では，比較的考えやすいともいえる．

　ただ，エネルギー作物はバイオ燃料の原料として利用することを想定して栽培するので，そのバイオマスをいつ，どのように収穫し，調整し，保管し，工場へ輸送するかまでのすべてが，エネルギー作物学では守備範囲になる．したがって，従来の食用作物学以上に，収穫後の問題を考慮しなければならない．また，栽培利用システム全体のエネルギー収支やエネルギー効率を最適化する視点が必要である．これは，システムの個別工程の最適化を図っても，システム全体の最適化に必ずしもならないことがあるからである．さらに，エネルギー収支／効率が直接結びつく経済性だけでなく，バイオ燃料の社会的な意義をふまえて，環境性や社会性を含めた3つの評価軸におけるバランスのよさが強く期待される問題である．ここに，単に収量増大を目指すことに重点をおいた従来の食用作物学とは異なるエネルギー作物学の必要性と意義がある．　　　　　　　　〔森田茂紀〕

文　　献

1) 服部太一朗・森田茂紀（2008）：食料白書2008年版，食料とエネルギー 地域からの自給戦略，エタノールによる資源利用の競合と今後の方向（食料白書編集委員会編），pp.94-109，農文協.
2) Hattori, T. and Morita, S. (2010)：*Plant Prod. Sci.*, **13**(3)：221-234.
3) 小宮山宏他（2003）：バイオマス・ニッポン—日本再生に向けて，日刊工業新聞社.
4) 小宮山宏他編（2010）：サステイナビリティ学　2 気候変動と低炭素社会，東京大学出版会.
5) 小宮山宏他編（2010）：サステイナビリティ学　3 資源利用と循環型社会，東京大学出版会.
6) 小宮山宏他編（2010）：サステイナビリティ学　4 生態系と自然共生社会，東京大学出版会.
7) 森島昭夫（2010）：生存の条件，生命力溢れる太陽エネルギー社会へ，旭硝子財団.
8) 森田茂紀他（2013）：日本エネルギー学会誌，**92**(7)：562-570.

第2章　エネルギー作物の分類と特徴

☀ 2-1　エネルギー作物の分類

a. 作物と資源植物の関係

　農学では作物を大きく農作物と園芸作物とに分け，農作物は食用作物，飼料・肥料作物，工芸作物の3つに分類するのが伝統的な考え方である．それぞれの作物はもちろん植物であるので，いずれも植物学的な分類に基づく二名法で記載する学名をもっている．しかし，このような植物学的分類ではなく，利用に着目した農学的分類が役立つことも少なくない．

　そもそも，人類と植物との関わりは非常に古く，植物は単に食用とされるだけでなく，生活の様々な面で利用されてきた．このような人類と植物との多様な相互関係を取り扱う分野を，民族植物学（ethnobotany）と呼んでいる．これは，1895年にHarshbergerが初めて使った用語であるが，植物との関係は人類の起源に遡るといってもよいくらいである．この民族植物学的な蓄積には，人類の長年にわたるノウハウが凝縮されており，現在の医学・薬学の視点からみて重要な物質を生産する植物があったりするため，改めて注目されている．すなわち，植物が人類にとって非常に高い価値のある物質を含んでいたり，その原料となる物質を生産することが見直されているのである．

　以上のように植物やその生産物の潜在的な価値を見直し，生物の機能を積極的に開発して利用していこうという，より広い視点から「資源植物」という考え方が提唱されている．資源植物を定義することは容易でないが，栽培植物（作物）のほか，栽培化の程度による分類として，半栽培植物，野生採取する有用植物や，栽培植物の原種や近縁種を含む，広い範囲を指すものとされている．また，資源植物は人間との関わりの程度に応じて，開発経済植物，開発中経済植物，未開発経済植物に分けることもある．民族植物学は，この分類でいう未開発経済植物を

取り扱うことになる．

b. エネルギー作物の分類

　資源植物を学術的に分類することは難しいが，その必要もない．現実にどのような利用をするかを想定して，そのための作物を開発することができれば十分である．最近，注目されている資源植物の中には，本書で取り扱うエネルギー植物も含まれる．これはバイオ燃料の原料として利用される資源植物であり，多くの食用作物や飼料作物が含まれているため，エネルギー作物と呼ぶことも多い．本書では，エネルギー作物とする．

　エネルギー作物には様々なものが含まれており，利用するエネルギーの形態によっても異なる．本書ではバイオ燃料としてバイオエタノールとペレットを想定している場合が多いので，ここではバイオエタノールの原料という視点からみてみよう．

　バイオエタノールの原料は，大きく糖質系，デンプン系，セルロース系の3種類に分類される．糖質系エネルギー作物の中心はサトウキビで，そのほかにテンサイやスイートソルガムがある．いずれも搾れば糖液が得られるため，バイオエタノール製造のエネルギー効率が高い．また，サトウキビの搾りかす（バガス）は燃料に利用できることも，効率が高い大きな理由である．

　デンプン系エネルギー作物としては，トウモロコシ，コムギ，イネなどの穀類や，キャッサバなどのイモ類が事業化プラントで利用されている．いずれもデンプンを主成分とするものである．デンプンは糖化といって，個々のブドウ糖に分解してからエタノール発酵に供される．

　以上の糖質系およびデンプン系エネルギー作物は，従来の分類でいえば，食用作物に相当する．したがって，背景については冷静に解析する必要があるが，食料とエネルギーの競合が食用作物の国際価格を上昇させて，貧困層に悪影響を与えるという批判にさらされることになった．そのため，食用作物以外のエネルギー作物を利用するための技術開発が世界的に進められている．

　非食用作物であるエネルギー作物は，セルロース系エネルギー作物と呼ばれている．一言でいえば，草や木ということになる．植物細胞壁の主成分であるセルロースを主成分とする作物である．

　デンプン系エネルギー作物は，従来の作物学の教科書で多くの解説があるので割愛する．本章では，エネルギー効率が非常に高く，世界的にバイオエタノールの原料として多量に利用されており，日本でも南西諸島を中心に栽培され，バイ

オエタノール実証事業も行われたサトウキビをまず取り上げる．その上で，本書の中心的な課題となる次世代型バイオエタノールの原料として期待されているセルロース系エネルギー作物について，みることにしよう． 〔森田茂紀〕

2-2 糖質系エネルギー作物

各種エネルギー作物を用いたバイオエタノール生産システムの中で，現状ではサトウキビを原料とするシステムが最も効率的である．そこで本節では，糖質系エネルギー作物としてのサトウキビの特性と，サトウキビを原料とするバイオエタノール生産に関する研究開発状況を解説する．

a. サトウキビの分類・育種・栽培

(1) 分類と育種

サトウキビは熱帯から亜熱帯地域を中心に栽培される多年生のイネ科サトウキビ属の植物である．現在，各国で栽培されているサトウキビは経済品種と総称され，学名では *Saccharum* spp. hybrid と表記される．これは経済品種がサトウキビ属内のサトウキビ高貴種（*S. officinarum*）とサトウキビ野生種（*S. spontaneum*）の種間交雑に由来するためである．

高貴種は熱帯のニューギニア島付近を起源とし，高糖度で繊維含有率が低いため，古くから製糖原料に利用されていたが，乾燥や低温などの不良環境に弱かった．一方，野生種はインドネシアやインドなどに自生し，低糖度で繊維含有率が高く，製糖原料には不向きであるが，優れた不良環境適応性や耐病性を具備していた．

1800年代末にサトウキビの人為交配技術が確立し，高貴種と野生種との種間雑種に対し，さらに高貴種の再交配が繰り返された．その結果，不良環境耐性や耐病性を有する高糖度の経済品種が育成され，栽培範囲は亜熱帯地域や一部の温帯地域にまで拡大した．

(2) 栽 培

サトウキビの栽培期間は，一般に 12～18ヶ月間と長い．初期生育は緩慢であるが，夏季の生育旺盛期における最大個体群生長速度は高く，C_4型光合成を行う各種作物の中でも上位に位置する．生長のために必要とされる以上の，余剰な光合成産物は茎内にショ糖として蓄えられるが，温度低下や土壌乾燥などにより茎の伸長が停滞すると，より急速に糖度が上昇する．一定の糖度に達した後，製糖

原料となる茎（原料茎）を収穫する．収穫後は，株から再生する萌芽を生育させ，再び収穫する株出しが行われる．株出しでは植付けが不要であり，苗や労力を節約できる．そのため，株出し時の収量や株出しの継続年数が，サトウキビ生産の低コスト化において重要である．

通常，新たに植え付けた年（新植）か株出し1年目に最大収量を示し，その後は株出し回数の増加に伴い収量は漸減する．日本では冬季に収穫を行うため，萌芽時期が低温，低日照条件に曝される場合が多い．さらに，沖縄や鹿児島では地力や保水性に乏しいサンゴ礁由来の土壌が多いこともあり，株出しにおける収量の低下程度が大きく，株出し年数は2～3年程度と短い．

他方，ブラジルのような温暖で生育や萌芽に有利な環境下では，高い収量水準を維持したまま，5～6年以上にわたって株出しが継続される．ブラジルでは古くから大規模なプランテーションでサトウキビが生産されており，製糖産業が経済的に重要な位置を占めていた．サトウキビからのバイオエタノール生産は基本的に粗糖生産の延長線上にあることから，充実した製糖産業基盤が現在のブラジルのバイオエタノール生産の拡大に大きく貢献したといえる．

b. 粗糖生産とバイオエタノール生産

(1) 粗糖生産工程

収穫されたサトウキビの原料茎は製糖工場に運ばれ，糖度が低い梢頭部や枯葉などの夾雑物（トラッシュ）を除去した後，粉砕，圧搾され，蔗汁が搾り出される（図2.1）．その後，蔗汁に消石灰等を投入して不純物を沈殿除去（清澄化）し，上澄み液（クリアジュース）を煮詰めて，ショ糖濃度を高めた濃縮液（シラップ）にする．このシラップに結晶の核となる種結晶を加えて低圧下で撹拌し，ショ糖を結晶化させてから，遠心分離により結晶と残液（糖蜜）とに分ける．

糖蜜中にはまだ回収可能なショ糖が含まれているため，必要に応じて再び結晶化工程に送られ，さらに1～2回の粗糖生産が行われる．結晶化の回数が増えるにつれて糖蜜中に結晶化阻害成分（還元糖やミネラル）が濃縮されるため，結晶化効率は低下する．製糖工程で必要となる圧搾装置や発電機の動力エネルギー，濃縮や結晶化工程の熱源には，バガス（搾りかす）を専用ボイラーで燃焼させて得た蒸気や熱を用いる．

(2) バイオエタノール生産工程

バイオエタノールの生産工程は，上記の製糖工程と大部分が共通している．ブラジルでは蔗汁を清澄化し，濃縮した後に粗糖を回収せずに，そのままエタノー

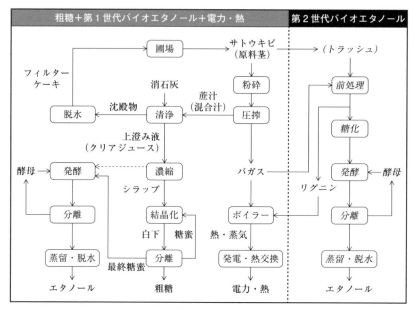

図 2.1 サトウキビからの製糖工程と第 1, 第 2 世代バイオエタノール生産工程[4]

ル発酵を行う場合もあるが，1 回結晶化後に分離した糖蜜（1 番糖蜜）を，清澄化後のクリアジュースに混合してエタノール発酵の原料とする場合が多い．なお，粗糖価格が高ければ 2 回結晶化を行い，2 番糖蜜をエタノール製造の原料とする．

クリアジュースと糖蜜との混合汁は再び濃縮され，エタノール発酵を行ってから，主に共沸蒸留法を用いて無水エタノールまで脱水される．大量に生じる蒸留廃液はビナス（vinasse）と呼ばれ，希釈後に肥料としてサトウキビ生産圃場に還元される．

(3) エネルギー効率の試算

サトウキビ由来のバイオエタノールの製造工程では，糖化工程が不要であることに加え，エタノール製造工程で必要なエネルギーをバガスの燃焼で賄うことができる．そのため，エネルギー投入量が比較的大きい共沸蒸留法を用いる場合が多いにもかかわらず，システム全体のエネルギー効率は高水準にある．

粗糖を生産せず，バイオエタノールのみを生産する工場の場合，2002 年のデータに基づいた試算では，産出/投入エネルギー比が 8.3 となる[6]．その後，機械収穫の増加や収穫時の火入れ制限など，社会的変化をふまえて再試算が行われた[1]．2005-2006 年期のデータに基づく試算では，産出/投入エネルギー比は 8.7 で，近

年，製糖工場への導入が進んでいる高圧式ボイラーの利用が進めば，2020年前後に9.4まで達すると推定されている．

なお，より現実的に，バイオエタノールと粗糖の両方を目的生産物とする工場を想定し，2008-2009年期のデータをもとに試算を行った場合は，既存の低圧式ボイラーを利用すると約7.0であり，高圧式ボイラーを利用すれば約8.5まで向上する計算になる．

最近では，製糖あるいはエタノール製造の過程で大量に生じるバガス，収穫後の農業残渣，あるいは製糖工程の初めに除去されるトラッシュを用いた第2世代バイオエタノール生産の研究も進んでいる．トラッシュは一定の賦存量があり，すでにボイラー燃料用に回収されている事例もある．バガスやトラッシュからエタノールを製造する場合は，前処理，糖化，発酵，濃縮・脱水の工程が必要となる．前処理工程や糖化工程で分離されるリグニンはボイラー燃料として利用可能であり，セルロース系バイオエタノール生産システムのエネルギー効率向上に寄与する．

c. バイオエタノール用品種開発

(1) 多様な育種目標

サトウキビからのバイオエタノール生産は，前述したように製糖工程の延長線上に位置付けられる．すなわち，優秀な経済品種は優秀なバイオエタノール原料品種となる．各国で行われている経済品種開発では，基本的に多収性と高糖性の改良を通じて圃場面積当たりの可製糖量の最大化を目指している．ただし，多年生のサトウキビでは時間的視点も必要であり，株出し継続時の減収程度が小さい特性も重視される．そのほかには，登熟の早晩性，病害虫抵抗性，耐乾性や耐冷性など，生産地域の状況に応じた育種目標が設定される．こうした基本的な形質とともに，現在はバガス生産性も育種目標として注目されている．

(2) バガスの考え方

バガスは原料茎中の繊維分，すなわち細胞壁あるいは細胞壁への沈着物の総体に相当する．繊維分含有率が高いとバガス発生量も増加するが，繊維分含有率の増加は，圧搾工程における搾糖率（原料茎中のショ糖量に対する圧搾後のショ糖回収量の割合）の低下や圧搾速度の低下の要因になると考えられていた．

搾糖率の低下は，圧搾工程での注加水の量や水温の調整で抑制できる可能性も指摘されているが，総じて，従来の粗糖生産あるいは第1世代バイオエタノール生産では，一般に繊維分含有率はサトウキビの生育に支障がない範囲であれば低

い方が望ましいとされている．しかし，将来的にバガス由来の電力やバイオエタノールの経済的価値，社会的価値が従来よりも高まる可能性があるため，粗糖や第1世代エタノールの生産効率が多少低下しても，バガス増産による売電や第2世代バイオエタノール生産を増やし，経営体の利益の最大化を目指すべきだという考え方も出てきた．

(3) エナジーケーン

サトウキビの優れたバイオマス生産性に着目して，粗糖だけではなくバガスを含む多様な目的生産物を得ようとする試みは，オイルショックの影響で製糖産業が経済的に打撃を受けた1970年代のプエルトリコに端を発する．熱帯性植物としてのサトウキビが，本来有するバイオマス生産性を最大限に発揮させることを主要な開発目標として育成されたサトウキビはエナジーケーンと呼ばれ，大きくType 1 と Type 2 とに分類される．

いずれも多収であることを前提とするが，Type 1は現在の経済品種と同等か，やや低い程度の蔗汁品質を維持しながら，繊維分含有率を2〜3％高めた高糖高繊維型のサトウキビである．Type 2は，繊維分含有率やバイオマス生産性を選抜指標とし，粗糖よりもむしろ熱利用や発電，その他の有価物の生産を目的とするサトウキビである．

エナジーケーンの開発には，サトウキビ属と近縁属植物が交配素材として利用されるが，とくに野生種（*S. spontaneum*）が利用される場合が多い．野生種は経済品種や高貴種と種間交雑が可能であり，後代集団は総じて繊維分含有率が高くなる．それに加えて，耐乾性や，地力が低い土壌でもバイオマス生産性を発揮する背景となる根系発達能力，および低温下でのバイオマス生産性に関わる耐冷性や株出し能力の向上が期待される．

しかし，野生種との種間雑種は総じて糖度が低く，粗糖生産を目的に含める場合は，経済品種との再交配が複数回必要となる．Type2は主に野生種と経済品種の種間雑種（F_1）世代，あるいはF_1世代に経済品種を一度再交配した世代（BC_1）から選抜される場合が多い．経済品種を2回以上再交配したBC_2以降の世代はType 1 としての利用が想定される．

既存の製糖システムに導入しやすいのはType 1で，粗糖とエタノールの生産量を維持したままバガス増産が期待される．オーストラリアやブラジル，アメリカでは，こうした観点から改めてエナジーケーン開発研究が推進された．一方，Type 2は繊維分含有率が高すぎるため，既存の製糖システムへの導入には課題が

多い．開発当初の想定通り，製糖とは異なるシステム下での第2世代バイオエタノール，電力や熱の生産，高付加価値有機物質の原料としての活用が想定される．

d. 耕作不適地での栽培の意義

エナジーケーンの開発では，サトウキビのバイオマス生産性を最大限に発揮させることが重視されたが，とりわけ，根系発達能力や株出し能力，耐冷性等の向上が重要な意義を有していた．

将来的に，エネルギー作物の栽培は，未利用の耕作不適地に軸足を移すことが期待される．また，食用作物の生産も，耕作不適地で行わなければならないかもしれない．種属間交雑を通じたサトウキビの改良は，作物生産が困難な地域における低投入型栽培下での食料，バイオエタノール，電力，その他の有価物の生産に道を拓く具体的な試みといえる．

日本国内でも，干ばつや低地力の影響を受けやすい南西諸島におけるサトウキビ生産の安定多収化に向けて，種属間交雑が続けられてきた．その結果として，モンスターケーンや，高バイオマス量サトウキビと呼ばれるType 2・Type 1のエナジーケーンに相当する品種や系統が育成されており，それらを効率的に活用するための利用加工技術も開発されてきた．現在は，これらの育成品種，系統を新たな交配素材として，不良環境適応性と物質生産性のさらなる改良が進められている．

バイオエタノールブームを機に議論となった食料とエネルギーとの競合は，生態系サービス（ecosystem services）も含めた有限の資源を，食料やエネルギーといった有価物の生産にどう配分するかに本質がある．サトウキビをさらに改良し総合的に利用していくことが，この課題への回答に資することに期待したい．

〔服部太一朗〕

文　　献

1) Chum, H. L. *et al.* (2014)：*Biofuels, Bioprod. Bioref.*, **8**：205-223.
2) Fargione, J. *et al.* (2008)：*Science*, **319**：1235-1238.
3) Hattori, T. and Morita, S. (2010)：*Plant Prod. Sci.*, **13**：221-234.
4) 服部太一朗 (2014)：最新農業技術 作物 vol.6, pp.81-86, 農文協.
5) Kim, S. and Dale, B. E. (2004)：*Biomass Bioenergy*, **26**：361-375.
6) Macedo, I. C. *et al.* (2004)：São Paulo State Environment Secretariat, Government of the State of São Paulo.
7) 森田茂紀 (2014)：最新農業技術 作物 vol.6, pp.45-76, 農文協.
8) 佐賀清崇他 (2008)：*J. Jpn. Soc. Energy Resour.*, **29**：30-35.

9) Schmer, M. R. *et al.* (2008)：*PNAS*, **105**：464-469.
10) Searchinger, T. *et al.* (2008)：*Science*, **319**：1238-1240.
11) Shapouri, H. *et al.* (2002)：The Energy Balance of Corn Ethanol：An Update (Agricultural Economic Report Number 813), United States Department of Agriculture.
12) Tilman, D. *et al.* (2006)：*Science*, **314**：1598-1600.
13) Wang, M. *et al.* (2012)：*Environ. Res. Lett.*, **7**：045905.

☀ 2-3 セルロース系エネルギー作物

a. バイオマス賦存量と副産物

　本書では，バイオ燃料としてバイオエタノールとペレットを想定している場合が多く，本章ではバイオエタノール原料とするエネルギー作物という観点から，糖質系，デンプン系，セルロース系エネルギー作物に3区分するという観点に立っている．

　糖質系エネルギー作物は，搾ればすぐにエタノール発酵させることができるため効率がいいことは，すでに指摘したとおりである．デンプン系エネルギー作物からバイオエタノールを製造することも比較的容易で，デンプンを糖化してブドウ糖にしてからエタノール発酵させることが必要となるが，バイオエタノールを製造することは，日本酒や焼酎をつくることと原理的に同じであり，世界的に事業化されている．

　これに対して，セルロース系エネルギー作物も糖化しなければバイオエタノールができないが，糖化の前処理が必要となるため，必要なエネルギーが糖質系・デンプン系原料作物の場合より多くなる．しかし，食料とエネルギーとの競合を回避するためにセルロース系エネルギー作物の利用が求められているため，世界的に技術開発が進められている．

　そもそもセルロース系エネルギー作物のバイオマスは世界的にみて，賦存量が非常に多いことがメリットである．また，セルロース系バイオマスを利用してバイオエタノールを製造すると，副産物として多量のリグニンが生産される．このリグニンは燃料として利用できるため，エネルギー効率がよくなる．

b. セルロース系エネルギー作物

　糖質系エネルギー作物の搾りかす（サトウキビのバガスなど）やデンプン系エネルギー作物の収穫残渣（トウモロコシの穂心など）もセルロース系バイオマス

に相当するが，そのほか，資源作物の中にはセルロース系エネルギー作物として利用できるものが少なくない．

アメリカのエネルギー省は，1984年から Herebaceous Energy Crops Research Program（HECP）を開始し，35種の草本植物について評価した結果（表2.1），アメリカにおけるセルロース系エネルギーとしてスイッチグラス（*Panicum virgatum*）が最適であるとした．

HECPは1990年に Bioenergy Feedstock Development Program に発展し，そこではスイッチグラスの育種作物学的研究が行われた．なお，亜熱帯気候の南東部では，ネピアグラス（*Pennisetum purpureum*），バミューダグラス（*Cynodon dactylon*），バヒアグラス（*Paspalum notarum*）の研究も行われた．

ヨーロッパでは，セルロース系エネルギー作物としてミスカンサス（*Miscanthus* spp.）が早くから注目され，1960年代後半からは熱利用に関する研究が行われた．その後，European JOULE Program, European AIR Program, European FAIR Program でミスカンサスの収量評価や育種が行われた．

しかしその過程で，ミスカンサスをセルロース系エネルギー作物として利用す

表2.1　アメリカ・EUにおいて資源作物候補として研究された主な多年生草本類（文献[5]を改変）

アメリカ		EU	
植物名	光合成型	植物名	光合成型
クレステッドウィートグラス	C_3	オオスズメノテッポウ	C_3
レッドトップ	C_3	ビッグブルーステム	C_4
ビッグブルーステム	C_4	ダンチク	C_3
スムーズブロムグラス	C_3	カヤツリグサ類	C_4
バミューダグラス	C_4	カモガヤ	C_3
インターメディエイトウィートグラス	C_3	オニウシノケグサ	C_3
トールウィートグラス	C_3	レイグラス	C_3
シナダレスズメガヤ	C_4	ミスカンサス	C_4
オニウシノケグサ	C_3	スイッチグラス	C_4
スイッチグラス	C_4	ネピアグラス	C_4
ウエスタンウィートグラス	C_3	リードカナリーグラス	C_3
バヒアグラス	C_4	チモシー	C_3
ネピアグラス	C_4	ヨシ	C_3
リードカナリーグラス	C_3	エナジーケーン	C_4
チモシー	C_3	ジャイアントコードグラス	C_4
エナジーケーン	C_4	プレーリーコードグラス	C_4
ジョンソングラス	C_4		
イースタンガマグラス	C_4		

る場合に課題があることも明らかとなった．そこで，その他の候補植物も加えて検討が行われ，ヨーロッパ北部ではリードカナリーグラス（*Phalaris arundinacea*），中央部および南部ではミスカンサスとスイッチグラス，地中海地域ではダンチク（*Arundo donax*）がそれぞれ適しているとされた．

以上のセルロース系エネルギー作物には多年生草本植物が多く，地力の低い土地やストレスの多い場所でも旺盛に生育し，病気や害虫に強く，概して高い生産性を示す．そのため，単位面積・単位エネルギー当たりのバイオマス生産性が高いのが特徴である．

既往研究の結果を整理してみると（表2.2），セルロース系エネルギー作物のバイオマス生産に必要となるエネルギーは，糖質系・デンプン系エネルギー作物に比べて少ない傾向が認められる．これは，セルロース系エネルギー作物に多年生作物が多いことが1つの理由である．また，バイオエタノール製造に必要なエネルギーも，セルロース系エネルギー作物の方が少なく，その結果，産出/投入エネルギー比は，サトウキビを除く糖質系エネルギー作物やデンプン系エネルギー作物と比較して，セルロース系エネルギー作物の方が概して高い．

c. エリアンサスとネピアグラス

セルロース系エネルギー作物には多くの候補があるが（表2.1），高いバイオマス生産性とストレス耐性を示すこと，東南アジアの熱帯・亜熱帯気候でその能力を発揮することが期待されることから，エリアンサスとネピアグラスが注目されている．とくにエリアンサスは，熱帯・亜熱帯原産であるが，適応域が広く，日本でも福島県以南で旺盛に生育して，高いバイオマス生産性をあげることが実証されている．そのため，原発事故で放射能汚染された被災農地の復興支援や，さらに耕作放棄地対策としても大いに期待されている．

エリアンサス属（*Erianthus*）の植物種は，イネ科 Andropogoneae 連に属し，C_4型光合成回路を有する大型の多年生草本である．*Erianthus* は，種間交雑，属間交雑，染色体倍化を起こしやすいため，分類が難しい．大きくは旧世界群（Old World Species）と新世界群（New World Species）に分類され，前者を *Ripidium*，後者を *Erianthus* と分類する場合もあれば，前者を *Saccharum* に分類する場合もある．インドで紙やアルコールの原料として利用されていたという報告や，寒さに強い熱帯植物として北米でガーデニングに利用されているものの，そのほかに作物としての用途例はなかった．

Erianthus は，*Saccharum*，*Narenga*，*Sclerostachya*，*Miscanthus* とともに

表 2.2 各エネルギー作物から生産されるエタノール（推計）と産出/投入エネルギー比

	バイオマス生産量（生, t FM ha^{-1}）	バイオマス生産量（乾燥, t DM ha^{-1}）	変換効率	エタノール生産量（推計, kL ha^{-1}）	エネルギー投入量 (GJ ha^{-1})			産出/投入エネルギー比（推計）
					バイオマス生産へ	バイオマス輸送へ	エタノールへの変換	
サトウキビ	68.7	19.2	86 L t^{-1} FW	5.9	11.2	5.9	3.4	6.69
テンサイ	58.1	14.5	109 L t^{-1} FW	6.3	31.7	5.0	76.4	1.19
ソルガム（スイートソルガム）	45.8	11.0	109 L t^{-1} FW	5.0	23.9	3.9	60.3	1.20
	42.0	10.2	34 L t^{-1} FW	1.4	14.7	3.6	25.6	0.70
	95.5	21.5	59 L t^{-1} FW	5.7	15.9	8.1	75.1	1.21
トウモロコシ	8.7	7.4	380 L t^{-1} FW	3.3	34.0	0.7	43.2	1.08
	9.1	7.8	380 L t^{-1} FW	3.5	26.6	0.8	45.5	1.21
	7.8	6.7	380 L t^{-1} FW	3.0	18.4	0.7	39.2	1.31
	8.8	7.5	380 L t^{-1} FW	3.3	18.9	0.8	43.9	1.34
コメ	8.3	7.0	434 L t^{-1} FW	3.6	48.0	0.9	53.7	0.74
コムギ	2.2	1.9	350 L t^{-1} FW	0.8	8.8	0.2	14.4	0.79
	6.1	5.1	350 L t^{-1} FW	2.2	17.6	0.5	39.5	0.87
	9.0	7.5	350 L t^{-1} FW	3.1	14.7	0.8	57.6	1.00
ジャガイモ	35.0	7.7	462 L t^{-1} DW	3.6	41.0	3.0	41.7	0.88
	38.8	8.9	462 L t^{-1} DW	4.1	23.1	3.3	47.9	1.17
スイッチグラス	10.6	9.0	380 L t^{-1} DW	3.4	13.9	0.9	3.7	3.92
	10.0	8.5	380 L t^{-1} DW	3.2	11.6	0.9	3.5	4.29
	10.6	9.0	380 L t^{-1} DW	3.4	11.6	0.9	3.7	4.47
	8.4	7.1	380 L t^{-1} DW	2.7	5.4	0.7	2.9	6.31
ミスカンサス	22.0	13.2	380 L t^{-1} DW	5.0	10.8	1.9	5.4	5.88
	25.0	20.0	380 L t^{-1} DW	7.6	15.0	2.1	8.2	6.37
	59.8	28.1	380 L t^{-1} DW	10.7	17.9	5.1	11.5	6.57
リードカナリーグラス	7.7	6.5	380 L t^{-1} DW	2.5	10.0	0.7	2.7	3.94
ソルガム（ファイバーソルガム）	39.1	13.3	380 L t^{-1} DW	5.1	19.5	3.3	5.5	3.79
	83.2	18.7	380 L t^{-1} DW	7.1	15.9	7.1	7.7	4.91

Saccharum complex という遺伝的に関連性の強い集団を形成する．Saccharum complex は属間交雑と倍数化を繰り返し，その遺伝プールが栽培サトウキビの起源となっている．これを利用して，最近では *Erianthus* を用いたサトウキビの品種改良が試みられている．

世界的にはインド，アメリカ，中国に大きな遺伝コレクションが存在するが，品種開発の成功事例はほとんど報告されていない．エリアンサスは巨大な地上部バイオマス（40～60 t/ha）を生産するため，以前からエネルギー作物としての利用が期待され，日本において精力的に研究が行われている．

ネピアグラス（*Pennisetum purpureum*）は多年生で，C_4 型光合成を行う大型のイネ科草本作物である．アフリカ原産で，エレファントグラス，ウガンダグラスなどとも呼ばれている．

出穂しても種子の多くが不稔のため，自然条件では側芽や匍匐茎から再生し，栽培条件下では切断茎の移植で栄養繁殖させる．エリアンサスとは異なり，ネピアグラスは古くから飼料として利用されてきた．また 20 世紀以降，土壌改良（緑肥），土壌浸食防止，土壌被覆（マルチ），防風，防火，燃料，害虫駆除（おとり植物）など幅広く利用されるようになった．

ネピアグラスは貧栄養土壌でも旺盛に生育し，巨大な地上部バイオマス（草丈：2～8 m，乾物重：20～90 t/ha）を生産する．窒素利用効率の高いことが報告され，内生菌による生物的窒素固定の関与も指摘されている．

〔関谷信人・森田茂紀〕

文　献

1) 服部太一朗・森田茂紀（2008）：食料白書 2008 年版，食料とエネルギー 地域からの自給戦略，エタノールによる資源利用の競合と今後の方向（食料白書編集委員会編），pp.94-109, 農文協．
2) Hattori, T. and Morita, S. (2010)：*Plant Prod. Sci.*, **13**(3)：221-234.
3) 小山鐵夫（1987）：資源植物学，講談社．
4) 小山鐵夫（1992）：資源植物学フィールドノート，朝日新聞社．
5) Lewandowski, I. *et al.* (2003)：*Biomass Bioenergy*, **25**：335-361.
6) 森田茂紀他編著（2006）：栽培学―環境と持続的農業―，朝倉書店．
7) 森田茂紀他（2013）：日本エネルギー学会誌，**92**(7)：562-570.

第3章　エネルギー作物の栽培戦略

　バイオマスからエタノールを製造する技術はすでに開発されており，一部は工業的に実用化されている（第2章参照）．しかし，技術的に製造可能というだけでは，バイオエタノールを生産して利用するには不十分である．

　本来，バイオエタノール生産の目的は石油エネルギーの代替にあった．現在は，これに温室効果ガスの排出削減が新たに加わり，その先に生態系の維持も含まれる．そのため，バイオエタノールを生産することで，かえって不必要なエネルギー消費が生じたり，従来以上に温室効果ガスが排出されたり，生態系が撹乱されたりしては本末転倒となる．

　本章では，こうした観点から，いくつかのバイオエタノール生産システムを評価し，どのような地域で，どのようなエネルギー作物を，どう栽培するかについて考察する．

☼　3-1　バイオエタノール生産のエネルギー効率

a．食料とエネルギーとの競合の回避

　2000年以降のアメリカにおけるトウモロコシ由来バイオエタノール生産の急増を背景として，いわゆるバイオエタノールブームがあった．トウモロコシの主要な生産地であるアメリカにおいて，政府がトウモロコシの一部を燃料化する方針を示したため，穀物価格の高騰とあいまって食料とエネルギーとの競合が議論となった．

　その後の穀物価格は2000年以前より高い水準で推移しており，主要輸出国での気象要因に起因する不作や豊作などの影響を受けながら変動している．人口増加だけでなく，途上国の経済力向上に伴う食品の嗜好性変化なども飼料価格を通じて穀物需要増加の要因となっていることから，当時，バイオエタノールが穀物価

格にどの程度影響したかを見積もることは難しく，肯定的，批判的な両面から議論が続いている．

しかし，食料とエネルギーとの競合の本質は変わっていない．それは，食用作物や飼料作物をバイオエタノールの原料に利用するかどうかということではなく，農地や灌漑水，肥料資源や化石燃料，あるいは生態系サービスといった有限の資源を，どのように維持しながら食料生産とエネルギー生産に配分していくか，ということにある．

つまり，第1世代バイオエタノールから第2世代バイオエタノールに移行しても，それだけで食料とエネルギーの競合が解消されるわけではない．問題の本質をふまえて，バイオエタノール生産システムを比較し，考察する必要がある．

b. システムのエネルギー収支・効率

バイオエタノール生産システムにおけるエネルギーの流れを図3.1に示した．このシステムはバイオマス生産，バイオマス輸送，エタノール製造の3工程から構成され，バイオエタノール，燃料性・非燃料性の副産物が生産される．それぞれの工程において，システム外からエネルギーが主に化石燃料の形で投入される．投入エネルギーにはバイオマスの生産や輸送に必要な燃料だけでなく，肥料や農薬，農業機械を製造する過程で消費されるエネルギーも含まれる．同様にシステム外へと供給されるエネルギーには，バイオエタノールが燃料として含有するエネルギーのほか，燃料性・非燃料性の副産物のエネルギーも考慮されている．

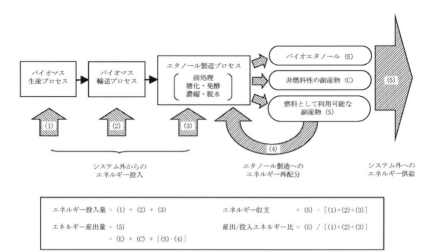

図3.1 バイオエタノール生産システムにおけるエネルギーフロー[3]

燃料として利用可能な副産物としては，サトウキビの搾りかすであるバガスや，セルロース系バイオエタノール製造時に生じるリグニンなどがあげられる．バガスやリグニンをボイラーで燃焼させて生産した電力や熱を，エタノール製造過程で必要なエネルギーに充当すれば化石燃料を代替できる．エタノール製造に必要な量を超えて余剰エネルギーが生産可能であれば，システム外に供給できる．

バイオエタノール生産システムにおける産出エネルギーと消費エネルギーの差をエネルギー収支，また単位化石エネルギー投入量に対するエネルギー産出量を産出/投入エネルギー比という．産出/投入エネルギー比は，エネルギー効率の指標となる．

c. トウモロコシとサトウキビ

アメリカにおけるトウモロコシを原料としたバイオエタノール生産では，当初，産出/投入エネルギー比が1以下であり，産出エネルギー以上の投入エネルギーが必要な，非効率なシステムとされた．その後，肥料や農薬，副産物のエネルギー含有量に対する扱いの違いや，エネルギー収支の算出に関わる要因の対象範囲について検証され，現在では産出/投入エネルギー比は1以上という見解が主流である．2000年代初めは1.3程度であったが[10]，その後の技術開発により少しずつ上がり，2010年の試算では1.7程度とされている[1]．

ブラジルのサトウキビを原料とするバイオエタノール生産では，産出/投入エネルギー比は2002年の試算で8.3であり，トウモロコシ由来バイオエタノールに比べてエネルギー効率が高いことが知られていた．その後，技術革新や社会的変化を背景として新たな試算が行われたが，いずれの試算でもエネルギー効率は高くなっている．

このように，サトウキビを原料とするバイオエタノール生産システムは，非常にエネルギー効率が高い．サトウキビでは糖化工程が不要であることも要因であるが，副産物として大量に生産されるバガスを燃料として利用できることが主な理由である．サトウキビの生産は熱帯と亜熱帯に限定され，温帯から冷帯では糖質系作物としてテンサイやスイートソルガムが利用されるが，エネルギー効率はサトウキビに劣る[3]．

d. セルロース系作物の比較検討

セルロース系バイオエタノール生産システムについても，エネルギー収支の解析が行われている．原料作物は多様であるが，草本類としてはネピアグラス，ススキ属植物（ミスカンサス），エリアンサス属植物，ダンチク，リードカナリーグ

ラスおよび，その他の牧草類が対象となっている．これらのうちで最も代表的な事例は，アメリカにおけるスイッチグラスを用いたものである．

アメリカでは，スイッチグラスが最も適性が高いとされている（第2章参照）．スイッチグラスは，高いバイオマス生産性に加え，耐病性やストレス耐性に優れるとともに，雑草との競合にも強いため，肥料や農薬の投入エネルギーが少なくてすむ．スイッチグラスを原料とするバイオエタノール生産システムでは，産出/投入エネルギー比が5〜6と見積もられており[8,12]，トウモロコシ子実を原料とするシステムよりエネルギー効率が優れている．

e. 農業残渣の利用による効率化

セルロース系バイオエタノールの原料として，農業残渣の利用も重要である．代表的なものとしてトウモロコシ茎葉部や稲わら，サトウキビのバガスがあげられる．たとえば，アメリカではトウモロコシ茎葉部の約90%が，日本では稲わらの約75%が未利用とされており[4,6]，1つの活用としてバイオエタノールが想定されている．これらの農業残渣を焼却処分すると，大気中の二酸化炭素やエアロゾルの濃度を上昇させることとなる．また，大量の稲わらを水田へ鋤き込む場合は，メタン放出量の増加が懸念される．

地力維持や土壌侵食抑制のために適量の農業残渣を圃場に還元する必要はあるが，余剰分はエネルギー利用などで活用することが望ましい．トウモロコシ茎葉部を原料とするシステムのエネルギー解析の例では，圃場に残された茎葉部の50〜66%を回収すると産出/投入エネルギー比が約4.8になると試算されている[12]．

ただし，農業残渣を直接原料としてバイオエタノールを生産するより，ほかの原料からバイオエタノールを生産する過程で農業残渣を燃焼利用して，エタノール製造のエネルギーにあてる方が効率的である可能性もある．トウモロコシ子実およびイネ子実を原料とするバイオエタノール生産システムの事例では，トウモロコシ茎葉部や稲わら，もみ殻を燃焼利用した場合，産出/投入エネルギー比はそれぞれ5.5および3.5まで改善すると見積もられている[1,7]．

3-2 温室効果ガス削減効果と土地利用の変化

a. 温室効果ガス削減効果

バイオエタノール生産システムのエネルギー効率は，温室効果ガスの排出量とも関連する．バイオマスの生産・輸送過程およびエタノール製造過程のそれぞれ

において，化石エネルギーを利用すると温室効果ガスが発生するからである．温室効果ガスとしてはCO_2やN_2O，CH_4などがあり，それぞれの排出量にそれぞれの地球温暖化係数を掛けて，温室効果ガス排出量を算出する．

バイオエタノール生産システムで消費される各種の資源については，産業連関表などに基づいて温室効果ガス排出原単位が設定されている．バイオエタノール生産による温室効果ガス削減効果は，通常，システム全体を対象としてLCA（life cycle assessment）の手法を用いた評価が行われる．これまでに，サトウキビやトウモロコシなどの原料作物別にシステムの検証が行われている．

b. 土地利用変化の影響評価

温室効果ガスの発生量を見積もる際，バイオマス生産に伴う土地利用の変化を考慮する必要がある．たとえば，バイオエタノール原料作物を栽培するために草地や森林を開墾する場合，それまで草地や森林において植物体と土壌に蓄積されてきた炭素等が大気中に放出される．また，既存農地でエネルギー作物を生産する場合でも，本来，その農地で営まれていた食料生産を，別の新たな農地で補う必要が生じるため，間接的に草地や森林が農地に転換される懸念がある．こうした直接的・間接的な土地利用の変化の重要性が指摘された結果[2,9]，近年，LUC（land use change）あるいはIndirect LUC（ILUC）という指標が，バイオエタノール生産システムの温室効果ガス削減効果の検証に考慮されることが多くなってきた．

土地利用の変化に関するデータの信頼性や計算方法については議論があるが，EUではバイオ燃料に持続可能性基準を設けている．そして，温室効果ガス削減基準以下である場合や，生態系への影響が懸念される場合のほか，土地利用変化によって悪影響が懸念される場合は，バイオ燃料の使用を認めない方針が示されている．なお，こうした土地利用の変化を考慮した場合でも，バイオエタノール生産には温室効果ガス削減効果が期待できると考えられている．アメリカを対象とした試算では，トウモロコシ子実，トウモロコシ茎葉部，スイッチグラス由来のバイオエタノールを利用した場合，ガソリンを消費する場合に対してそれぞれ34％，96％および88％の温室効果ガス削減効果があるとされている[12]．

☀ 3-3 エネルギー作物栽培の課題と戦略

食料とエネルギーとの競合の回避，生産システムのエネルギー効率の向上，土

地利用変化も考慮した温室効果ガス削減効果の増大などを背景として，どこで，どのようなエネルギー作物を，どう栽培するかという問題が重要性を増している．

a. どこで栽培するか？

エネルギー作物の栽培場所については，食料との競合や土地利用変化を考慮すると，未利用の耕作不適地や耕作放棄地が候補地となる．また，これらの場所は作物栽培に適していないことが多いため，ストレス耐性に優れ，バイオマス生産性の高いセルロース系エネルギー作物の利用が重要と考えられる．

他方，既存農地や耕作可能な未利用農地では食用作物の栽培を行い，農業残渣のバイオエタノール化や燃焼を通じたエネルギー利用を行うことが望ましい．ただし，熱帯・亜熱帯地域ではサトウキビを利用したバイオエタノール生産システムの優位性が高い（表3.1）．

b. どう栽培するか？

どのように生産するかについては，エネルギー的な視点からの考察が有効である．1 t の乾物を生産するのに，テンサイや各種のデンプン系エネルギー作物では，概ね 2000〜4000 MJ のエネルギー投入が必要であるのに対し，サトウキビやセルロース系エネルギー作物では 600〜1600 MJ と少ない[3]．また，バイオマス生産過程での投入エネルギー量は，システム全体の必要量に対して，デンプン系エネルギー作物では 20〜40%，サトウキビやセルロース系エネルギー作物では 50〜80% に，それぞれ相当する．

セルロース系エネルギー作物では，エタノール製造過程で副産物のリグニンを燃焼利用してエネルギー効率が改善される．そのため，バイオマス生産過程でのエネルギー投入量が少ないのに，システム全体に占める割合が高い．バイオマス生産過程の投入エネルギー量を 20% 削減した場合，サトウキビやセルロース系エネルギー作物ではシステム全体で 10〜16% の削減になるのに対し，デンプン系エネルギー作物では 4〜8% にとどまる．デンプン系エネルギー作物では，エタノール製造過程における投入エネルギー量を削減する方が効果的であり，トウモロコシ茎葉部や稲わらの回収，エネルギー利用を進めることが有効である．

他方，サトウキビやセルロース系エネルギー作物では，一定の収量が維持できる範囲で低投入型栽培とするのが望ましいと考えられる．セルロース系エネルギー作物の低投入型栽培の典型的な例としては，自然植生の利用があげられる．低地力の砂質土壌において複数種類の草本植物を組み合わせて栽培し，群落の多様性を維持することでバイオマス生産性が向上し，産出/投入エネルギー比が 5 以上

表3.1 バイオエタノール生産のためのエネルギー作物生産の方向性（文献[3]を改変）

	どこで？				
	既存農地または未利用の耕作可能農地		未利用の耕作不適地または耕作放棄地		
	熱帯, 亜熱帯地域	その他の地域	汚染土壌	低地力土壌	塩類集積土壌 酸性土壌
何を？	サトウキビ	食用作物 （農業残渣を利用）	セルロース系 エネルギー作物	セルロース系 エネルギー作物 （可能なら食用作物）	セルロース系 エネルギー作物 （自然植生を含む）
どのように？	低投入型栽培 （農地面積制限下では 効果的なエネルギー投入）	効果的な エネルギー投入	効果的な エネルギー投入		低投入型栽培 （農地面積や土地生産性に応じて 効果的なエネルギー投入）
将来的な 研究課題	(1) 多収品種開発 (2) 施肥利用効率向上技術開発 (3) 残渣回収を含む持続的農地管理 (4) LCA解析によるシステム検証		(1) 各種ストレス耐性に優れるエネルギー作物／品種の選定 (2) 低投入栽培技術開発 (3) 土壌改良，地力回復型作物生産体系の確立 (4) 適切な物質循環による持続性維持 (5) 低密度植生や作業不適地での効率的収穫技術		

の高いエネルギー効率が期待できる，という報告もある[11]．

c. 原料作物の栽培戦略

　単位エネルギー投入量に対するバイオマス生産量の最大化という観点では，適切な施肥など効果的なエネルギー投入が有効な場合がある．土地生産性が低い場合は，適切なエネルギー投入でバイオマス生産性を一定以上に高めることが，バイオマスの収穫，回収，運搬におけるエネルギーの削減に寄与する．利用可能な農地面積に制限がある場合は，目標とする原料バイオマスの最低限の生産量を確保するためにエネルギー投入が必要になる場合もある．

　重金属などによる汚染土壌では，ファイトレメディエーション（植物による汚染物質の吸収・分解等）を目的としてエネルギー作物を生産する場合があるが，バイオマス生産性を高め汚染物質除去効果の最大化を図るには，適切なエネルギー投入が必要である．なお，低投入型であっても，一定のエネルギー投入を行う場合であっても，LCAによる評価を行い，システムの妥当性を検証することが必須である．

　バイオエタノール生産システムを構築するにあたり，想定する生産地の状況をふまえてエネルギー作物栽培の戦略を明確化することは極めて重要である．今後は農業残渣からのバイオエタノール生産や，未利用農地におけるセルロース系エネルギー作物の栽培に関する研究開発が中心になると考えられる．さらに将来を

見据えた場合には，食料生産に利用可能な農地の拡大に寄与するような，耕作不適地における土壌改良・地力回復型のエネルギー作物生産体系が確立されることが望ましい．

〔服部太一朗〕

文　　献

1) Chum, H. L. *et al.* (2014)：*Biofuels, Bioprod. Bioref.*, **8**：205-223.
2) Fargione, J. *et al.* (2008)：*Science*, **319**：1235-1238.
3) Hattori, T. and Morita, S. (2010)：*Plant Prod. Sci.*, **13**：221-234.
4) Kim, S. and Dale, B. E. (2004)：*Biomass Bioenergy*, **26**：361-375.
5) Macedo, I. C. *et al.* (2004)：São Paulo State Environment Secretariat, Government of the State of São Paulo.
6) 森田茂紀（2014）：最新農業技術 作物 vol.6, pp.45-76, 農文協．
7) 佐賀清崇他（2008）：*J. Jpn. Soc. Eneregy Resour.*, **29**：30-35.
8) Schmer, M. R. *et al.* (2008)：*PNAS*, **105**：464-469.
9) Searchinger, T. *et al.* (2008)：*Science*, **319**：1238-1240.
10) Shapouri, H. *et al.* (2002)：The Energy Balance of Corn Ethanol：An Update (Agricultural Economic Report Number 813), United States Department of Agriculture.
11) Tilman, D. *et al.* (2006)：*Science*, **314**：1598-1600.
12) Wang, M. *et al.* (2012)：*Environ. Res. Lett.*, **7**：045905.

第4章　エネルギー作物の栽培地選定

☼ 4-1　エネルギー作物と農地利用問題

a. バイオ燃料への期待

　バイオ燃料は，原料供給の持続性が高いことと，二酸化炭素排出量を削減できるという観点から，化石燃料の代替として大きく期待されている．石油，石炭，天然ガスといった化石燃料は，採掘技術が向上したり，産出物の価格が上昇することによって，可採埋蔵量（適切な技術的・経済的条件下で採掘可能な埋蔵量）が増加を続けているものの，いずれ枯渇することは避けられない．その点，バイオ燃料は原料に植物バイオマスを利用するため，栽培によって原料を再生産することができる．バイオ燃料は化石燃料のように枯渇する懸念がなく，持続可能なエネルギーとして期待されている理由がここにある．

　また，植物バイオマスを構成する主要元素である炭素は，大気中の二酸化炭素を光合成によって植物が固定したものである．したがって，植物バイオマスの燃焼により二酸化炭素が発生しても，もともと大気中に存在していた二酸化炭素が植物バイオマスを経由して大気中へ移動するだけなので，二酸化炭素の総量が増加することはない．これをカーボンニュートラルと呼ぶ．それに対して，化石燃料を燃焼させれば大気中の二酸化炭素が増加する．二酸化炭素は温室効果ガスの1つであり，現在，進行しているとされる地球温暖化の主要な原因物質と考えられている．したがって，カーボンニュートラルなバイオ燃料を利用することによって地球温暖化対策となることも期待されている．

b. エネルギー作物の問題点

　しかし，バイオ燃料の生産が食料問題に拍車を掛け，さらに環境破壊を引き起こしているという批判もある．現在，商業生産されているものは第1世代バイオ燃料と呼ばれ，サトウキビ，トウモロコシ，コムギ，キャッサバなどの本来食用

となる作物をエネルギー作物として利用している．

　世界的にバイオ燃料の生産機運が高まり，2007年から多量のトウモロコシおよびサトウキビがエネルギー作物に転用されるようになった．一方で2007〜2008年に国際穀物価格が急上昇し，開発途上国を中心に，政情不安や治安悪化を引き起こす原因となった．これが，いわゆる世界食料価格危機である．バイオ燃料ブームと世界食料危機が同時に発生したため，先進国が食料を犠牲にして生産しているバイオ燃料が，開発途上国の政情不安や治安悪化を引き起こしていると批判されるようになった．実際は，世界食料危機の発生メカニズムは複雑で，バイオ燃料だけですべての現象を説明することはできない．ただ，国際穀物価格に対するバイオ燃料の影響を否定することができないのも事実である．

　また，高騰した穀物価格で利益を得ようと，森林を開墾して原料作物の生産に乗り出す農家が増加した．その結果，希少な原生林が伐採されただけではなく，樹木が焼き払われたことで多量の二酸化炭素が大気中へ放出される結果となった．

c. 第2世代バイオ燃料

　第1世代バイオ燃料は，食用作物をエネルギー作物として利用するため多くの問題が発生する．この問題を解決するために，非食用のセルロース系バイオマスを原料とする第2世代バイオ燃料の可能性が探られている．第2世代バイオ燃料では，第1世代と異なり，糖を発酵する前にセルロースを分解する過程が必須となる．この過程で多くのエネルギーが消費されるため，セルロースから燃料を取り出す全工程において，投入エネルギーより獲得エネルギーの方が少ない状況が続いてきた．ただ，最近の技術発展は目覚ましく，全工程におけるエネルギー収支は急速に改善している．

　セルロース系バイオマスとしては，主に作物の収穫残渣，木材，草本植物が想定されている．バイオ燃料の生産プラントを通年で稼働させるためには，一定量の原料を安定的に供給できる体制を整える必要がある．しかし，プラント周辺で入手可能な作物残渣には限りがあり，その供給時期も夏作では秋に，冬作では春に集中する．供給量を増やそうとすれば遠方から輸送せざるをえず，そのために余分なエネルギーを消費して二酸化炭素を排出してしまう．

　木材は賦存量が多く，ある程度の期間であれば周年供給が可能になる．しかし，山林から運び出し，プラントへ輸送する際に，消費エネルギーと二酸化炭素排出量が多くなるという難点を抱えている．また，木材の再生には数十年を要する場合もあり，長期間での持続性の面でも大きな問題を抱えている．

自生する草本植物は気象条件の変動で生育量が年次変動し，毎年一定量の原料を確保することが難しい可能性が高い．また，毎年の刈取りで土壌養分が収奪され続けるため，年次を経ると生育量が減少することも予想される．さらに，作物残渣と同様に供給時期が偏る問題もある．

d. エリアンサスとネピアグラス

そこで，エネルギー消費量と二酸化炭素排出量を抑制し，持続的に一定量の原料を確保する方策として，巨大なバイオマスを生産する草本植物を農作物の栽培体系に近い様式で栽培し，原料として利用する技術が模索されている．新エネルギー・産業技術総合開発機構（NEDO）の「セルロース系エタノール革新的生産システム開発事業」もその1つで，本書を執筆した研究者の多くが「セルロース系目的生産バイオマス（原料作物）の栽培から低環境負荷前処理技術に基づくエタノール製造プロセスまでの低コスト一貫生産システムの開発」において，原料作物の栽培研究を担当した．そこでは，多年性イネ科草本のエリアンサスとネピアグラスを原料作物として選抜し，主に前者を日本国内で，後者をインドネシア共和国ランプン州で栽培することが提案された．

エリアンサス属は巨大な地上部バイオマス（40～60 t/ha）を生産するため，以前から原料作物としての利用が期待されてきた．またネピアグラスは貧栄養条件下でも旺盛に生育し，巨大な地上部バイオマス（20～90 t/ha）を生産する（2.3節参照）．日本で食用作物として一般的なイネのバイオマスが1 ha当たり10～20 tであることを考えると，両種のバイオマス量がいかに多いかがよくわかる．

国外では，スイッチグラス，バミューダグラス，バヒアグラス，ミスカンサス，リードカナリーグラス，ダンチクなどがセルロース系バイオ作物として選抜され，それぞれの栽培方法も研究されている．

e. 食料と燃料の競合

非食用の草本植物をエネルギー作物として栽培し，バイオマスを利用してバイオ燃料を生産すれば，それだけで食料と燃料の競合問題を回避できるかのような印象がある．しかし，食用作物を栽培していた農耕地で原料作物を栽培してしまえば，真の意味で食料と燃料の競合問題を回避したことにはならない．エネルギー作物を栽培すれば，その分だけ食用作物の供給量が減少するので，食料を犠牲にして燃料を生産したのと同様の事態が起きてしまう．

エリアンサスやネピアグラスのように巨大な植物種を選抜し，エネルギー消費量と二酸化炭素排出量を抑制しながら農作物と同様に栽培することができれば，

長期にわたる持続的な原料供給が可能になる．また，年間で複数回にわたってバイオマスを刈り取り，安価でエネルギー消費量の少ない施設に貯蔵することができれば，原料の周年供給が可能になる．このようなエネルギー作物栽培のメリットを享受するためにも，「非食用」の草本植物を利用するだけではなく，その原料作物を「非農地」で栽培することが重要となる．

f. 土地利用区分の問題

一般的に非農地という言葉から連想されるのは，都心の商業施設や近郊の住宅地のほか，沿岸部や内陸部の工場地帯，道路・港湾・橋などのインフラストラクチャ，河川・湖沼・海洋・山林などの自然環境であろう．これらの中では，辛うじて山林で作物を栽培できそうだが，山林を切り開いて農地を造成すれば環境破壊を誘発する可能性がある．

また，非農地は選抜された草本植物種の生育に適している必要がある．たとえば，エリアンサスやネピアグラスは熱帯性の気候を好むため，高緯度地域での栽培には向かない．

図4.1は前出の開発事業において提案された土地利用の分類方法を示す．まずは，日本，東アジア，アジア全域というようにエネルギー作物の栽培候補地を探索する対象地域を大きく限定すると，その地域は大きく農地と非農地に分類される．非農地は大きく草地，荒地，都市部，森林（河川や湖沼は除外）に，また，農地は現在使用されている農地と使用されていない農地に分類される．さらに，不使用の農地には休耕地，耕作放棄地，未利用ニッチがある．

エネルギー作物の栽培には，まず非農地の中で草地と荒地が適合する．さらに，休耕地や耕作放棄地であれば食料供給に直接の悪影響を与えないため，エネルギー作物の栽培場所として許容範囲に収まる．未利用ニッチとは，林床（開発事業

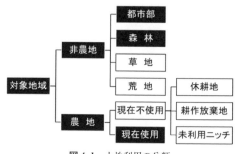

図4.1 土地利用の分類

では熱帯のヤシ林など）や条間（条は食用作物が列状に栽培された場合の列）など，農地における未利用空間を指す．すでに栽培している食用作物の生育を阻害しなければ，未利用ニッチにエネルギー作物を栽培しても食料との競合は発生しない．

　この分類は非常に大雑把で単純化されているものの，原料作物を栽培するための非農地あるいは栽培適地の特徴をうまく整理している．前出の開発事業では，この土地利用区分を大きな枠組みとし，ネピアグラスの栽培候補地として，最終的にインドネシアのランプン州を選定した．その具体的な過程については，次節で概説する．

☀ 4-2　エネルギー作物の栽培地探索─実際の事例から─

a. 探索方法の方針

　開発事業の目標は，1 L 当たり 40 円以下で年間 20 万 kL のエタノールを製造することであった．そこで，バイオマス生産量の高さから，ネピアグラスをエネルギー作物として選抜した．そして，既往研究や開発事業における栽培試験の結果から，ネピアグラスの年間バイオマス生産量の目標を 1 ha 当たり 50 t に定めた．

　また，実験室レベルおよび小規模プラントにおけるエタノール製造実験の結果から，1 t のネピアグラスから 250 L のエタノールを製造するとした．そうすると，年間 20 万 kL のエタノールを製造するためには，少なくとも 1.6 万 ha の土地でネピアグラスを栽培する必要がある．これは非常に広大な土地であり，JR 山手線内側（約 6300 ha）の約 2.5 倍にあたる．

　しかし，それほど広大な草地，荒地，休耕地，耕作放棄地，未利用ニッチは，日本国内にまとまった形では存在しない．仮に国内で栽培候補地が見つかり，エタノール製造ができても，地価が高いため国産エタノールの単価は輸入エタノールに比べて高くなる．この問題を受けて日本政府は，国内における第 2 世代バイオ燃料の利用促進を図るため，国産技術を用いて開発・製造したエタノールをアジア地域から輸入する場合には準国産として認める方針を打ち出した．

　そこで開発事業は，対象地域を国内からアジア地域まで拡大し，ネピアグラスの栽培地を探索した．開発事業において採用した栽培候補地の探索方法を図 4.2 に示す．この探索方法は，地理情報システム（GIS：geographic information system）の利用，情報取集，現地調査という三段階の作業過程を経て，対象地域

から最終栽培候補地を選抜するものである．

b. GIS利用の原理

GISは，地理空間情報を利用して高度な分析を可能にする技術である．地理空間情報は，空間上の特定の地点または区域を示す位置情報と，それに関連付けられた事象に関する情報を指す．たとえば，自然条件や社会経済活動など，地域における特定のテーマについて表現した土地利用図，地質図，ハザードマップ等の主題図，都市計画図，地形図，地名情報，台帳情報，統計情報，空中写真，衛星画像など，多様な地理空間情報が利用可能である．

当然のことながら，それぞれの地理空間情報は共通の位置情報を有しているため，位置情報をもとにして複数の地理空間情報を重ね合わせることも可能である．たとえば，土地利用図と地形図とを重ね合わせることで，洪水時の浸水深を地図上に表現することが可能になる（国土地理院ホームページ「GISとは…」を参照）．

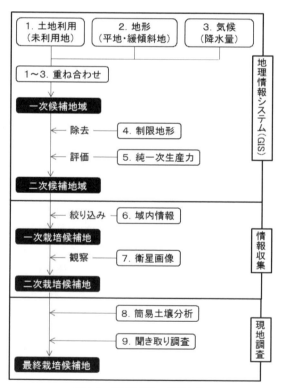

図4.2　栽培候補地の探索方法

最近では，世界規模の地理空間情報が整備され，自由に利用できるようになっている．条件に適合する情報さえ入手できれば，それらを重ね合わせることで，広大な地域でもネピアグラス栽培に適した土地を絞り込むことができる．

c. GIS 利用の実際

開発事業では，図 4.1 に示した枠組みに従って栽培候補地を探索した．まず，対象となるアジア地域を北緯 0〜55 度と東経 70〜150 度に囲まれた範囲と定めた．栽培適地とされた草地，荒地，休耕地，耕作放棄地，未利用ニッチなどの分類は，いわゆる土地利用を示した地理空間情報に含まれる．

基礎データとして，ユーラシア大陸規模の土地利用を示した Eurasia Land Cover Characteristics Data Base とアジア大陸規模の土地利用を示した Asian Association on Remote Sensing (AARS) Asia 30-second Land Cover Data Set を，それぞれアメリカ地質調査所と千葉大学の Web 上からダウンロードして用いた．両機関はそれぞれ異なる方法論によってリモートセンシングデータ（人工衛星に搭載した機器で観測したデータ）を解析しており，一方の地理空間情報で分類されない土地が他方では分類されている場合もあるため，両情報を利用することにした．それぞれの地理空間情報において対象地域を前述の範囲に限定し，その中から都市，農地，森林，水域を除外した．ついでそれぞれの情報から抽出された草地と荒地を，同一地図上に併記して非農地（未利用地）とした（図 4.3a）．

ただし，ここでは休耕地，耕作放棄地，未利用ニッチという分類は使用されていない．休耕地や耕作放棄地は雑草で被覆されるか，乾燥で砂漠化が進んでいるため，草地や荒地として分類されている可能性が高い．しかし，未利用ニッチは農地内に存在する空間であるため，これらの地理空間情報を利用して抽出することは難しい．

エネルギー作物は，灌漑コストと二酸化炭素排出量を削減するため，天水を利用して栽培するべきである．ただし，効率的に天水を利用すると同時に，降雨による土壌流亡を防ぐために，急斜面での栽培は避けた方がよい．したがって，エネルギー作物は平地あるいは緩やかな傾斜地で栽培することが望ましい．そこで，標高の地理空間情報としてアメリカ海洋大気庁の Global Land One-km Base Elevation (GLOBE) database をダウンロードし，標高情報を土地の傾斜度に変換し，5 度以下の土地を平地あるいは緩傾斜地として抽出した（図 4.3b）．

また，そもそも栽培期間に，十分な降水量が確保されなければならない．そこ

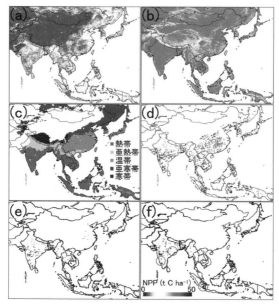

図 4.3　実際の栽培候補地の探索

で，気象の地理空間情報として国連環境計画／地球資源情報データベースの International Institute for Applied System Analyses（IIASA）Climate Database をダウンロードして用いた．そして，5〜9 月に 500 mm 以上の降水を経験する湿潤地域を抽出し，参考までにケッペンの気候区分に従って色分けした（図 4.3c）．これら未利用地，平地・緩傾斜地，湿潤地域の地理空間情報を重ね合せることで一次候補地域を抽出した（図 4.3d）．

地形の中にはガリ侵食のような局地的に発達した制限地形が存在するが，標高情報から算出した土地傾斜情報には，そうした局地的な地形情報が含まれていない可能性がある．そこで，食糧農業機関の提供する Global Agro-Ecological Zones（GAEZ）から terrain slope constraints map をダウンロードして，一次候補地域から制限地形を除去した（図 4.3e）．

このようにして得られた候補地域の中で，植物の乾物生産能力（純一次生産量：一定期間内の光合成による炭素吸収量から呼吸による炭素放出量を引いたもの）が高い地域を抽出するため，アメリカ地質調査所の提供する Terra/MODIS Net Primary Production Yearly L4 Global-1km（MOD17A3）を重ね合わせた結果が図 4.3f である．

以上の作業を行った結果，乾物生産量能力の高い 4 地域が抽出できた．すなわち，未利用の平地か緩傾斜地で，制限地形が存在せず，湿潤で純一次生産量が大きい土地として，インド南部，インド東部，東北タイ，インドネシア（スマトラ島南部）の 4 ヶ所が抽出できた．

d. 関連情報の収集

GIS を利用した検討の結果，上記の 4 地域が抽出できた．予算と人材を十分に投入できれば，この段階で現地調査を始めるという選択肢もあった．しかし，本開発事業に限らず通常，予算は限られており，優先順位の高い候補地へ集中的に予算を投入するべきである．

そこで，コストを掛けずに現地情報を収集するため，インターネットを活用した（表 4.1）．開発事業が推進されていた 2008 年当時，インド西部の都市ムンバイにおいて同時多発テロが発生した．この事件は現地調査における安全確保の重要性を再認識させるものであり，外務省の海外安全ホームページに加えて，CNNや BBC などの海外メディアを通じて安全情報を収集した．

生産されたエタノールを輸送する際のコストや二酸化炭素排出量を抑制するには，栽培候補地と港の距離が短く，道路網が発達している必要がある．また，生産プラントの稼働には水や電気の確保が必須である．そこで，外務省や国際協力機構の各国情報や現地政府の統計などを通じて，インフラ情報を収集した．

ネピアグラス栽培に対する適性を評価するため，農業情報も収集した．まず，Google に「農業」「土地利用」「作物」「水資源」「土壌／肥沃度」「バイオマス」などの一般的なキーワードを入力し，得られた情報をもとにして現地農業を特徴づけるキーワードを抽出した．それらのキーワードを利用して，Web of Science や現地研究機関のデータベースから文献を収集し，現地農業に関する理解を深めた．

インド南部はムンバイから南へ 500〜600 km に位置するものの，同時多発テロの余波が憂慮されたことや，その他の 3 地域と比較して日本からの距離が遠いためにコストと二酸化炭素排出量の多くなることが懸念され，最下位に位置付けられた．また，東北タイには塩類集積土壌が広がり作物生産が大きく阻害されているため，第 3 位に位置付けられた．

インド東部（オリッサ州）とスマトラ島南部（インドネシア・ランプン州）には，差し迫った安全上の脅威は見出されなかった．また，両地域とも沿岸部に位置し，大きな港を抱えていた．以上の結果から，インド東部と東北タイを候補か

表4.1 情報を収集したホームページ

情報	Webサイト	URL
安全	外務省海外安全ホームページ	www.anzen.mofa.go.jp/riskmap/asia_1.html
	CNN	www.cnn.com
	BBC	www.bbc.co.uk
インフラ	オリッサ州	www.orissa.gov.in (www.odisha.gov.in)
	タイ政府	www.eppo.go.th/link_thaigov.html#220
	外務省（国・地域）	www.mofa.go.jp/region/index.html#asia
	国際協力機構（各国における取り組み）	www.jica.go.jp/regions/asia/index.html
農業	Google	www.google.co.jp
	Web of Science	thomsonreuters.com/thomson-reuters-web-of-science/
	オリッサ州	www.orissa.gov.in (www.odisha.gov.in)
	Central Rice Research Institute	crri.nic.in
	Indonesian Investment Coordinating Board	regionalinvestment.com
	Statistics Indonesia	www.bps.go.id

ら除外し，インド東部とスマトラ島南部を一次栽培候補地に選定した．そして，Google Earthの衛星写真と農業食糧機関が提供する各国の農業生態系地図を利用し，改めて未利用地を抽出した．その中で，主要道路や港湾からの便がよい土地をオリッサ州から4地点，ランプン州から5地点選定することができたので，これらを二次候補地とした．

e. 現地調査の実施

GIS利用と情報収集は，データベースやインターネットという二次情報を活用・分析する手法であり，広大な地域から簡易かつ迅速に二次栽培候補地まで絞り込むには大きな力を発揮する．しかし，絞り込んだ土地の土壌条件，経済条件，社会条件によっては，原料作物の栽培が困難である可能性も出てくる．やはり，最後は現地を訪問して，それらの条件を実際に調査する必要がある．

そこで，本事業ではオリッサ州とランプン州で調査を行った．衛星写真と農業生態系地図から割り出した二次栽培候補地の緯度経度情報をGPS（global positioning system，全地球測位システム）に入力し，実際の現場を見つけて土地利用形態を確認した．また，簡易土壌検査機器を利用して，各地点のpH，窒素，リン酸，カリウム濃度を測定した．さらに，周辺の農家や農業資材店を訪問し，農業生産コスト関係の情報を聞き取った．最後に，地方政府の農業担当者，大学関係者，研究機関を訪問し，バイオ燃料や外国直接投資に対する地方政府の政策について聞き取った．

簡易土壌検査の結果を表4.2に示す．オリッサ州とランプン州の土壌は，共通してリン酸とカリウムが豊富だが，窒素が欠乏していた．いずれの二次栽培候補地でも，エネルギー作物を栽培する際には窒素施肥が必要になることを示唆している．また，ランプン州の土壌pHは4.0～5.8で酸性に傾き，オリッサ州は5.0～7.0で弱酸性から中性を示した．したがって，ランプン州でのエネルギー作物の栽培には酸性土壌に注意する必要がある．

ついで，ネピアグラス栽培に掛かる生産コストの試算結果を表4.3に示す．オリッサ州とランプン州における1ha当たり生産コストは，それぞれ11万2000円と20万1000円であった．両地域におけるネピアグラス収量が，これまでの報告と同程度（50～55 t/ha）とすると，オリッサ州とランプン州におけるバイオマス乾物重量の生産コストは，それぞれ2.04～2.24円/kgと3.65～4.02円/kgになる．開発事業では，1L当たり40円以下でエタノールを製造するために，バイオマス乾物1kg当たりの生産コストを5.0円以下にする目標を立てた．現地調査による試算は，両地域とも開発事業の目標を達成していることが示された．

また，聞き取りの結果，両政府ともバイオ燃料や外国直接投資に前向きである

表4.2　オリッサ州，ランプン州の簡易土壌調査結果

場所	土地利用	土性と土色	pH (H_2O)	NO_3-N (kg ha^{-1})	P_2O_5 (kg ha^{-1})	K_2O (kg ha^{-1})
オリッサ	芝生様の草地	粘土，固い，黄色	6.5	0～50	250	50～100
	草地	粘土，固い，赤黄色	6.5～7.0	n.d.	200	0～50
	サバンナ	砂壌土，軟質～硬質，黄色	6.0～6.5	0～50	200～250	100
	山野のすそ野	砂壌土，軟質，黄色	5.0～5.5	0～50	250～300	150～200
ランプン	パイナップルプランテーション	粘土，軟質，茶色	4.0	0～50	50～100	750＜
	サトウキビプランテーション	粘土，軟質，赤茶色	5.8	0～50	50～100	750＜
	小規模キャッサバ畑	砂土，軟質，茶色	4.3	n.d.	50～100	100～250
	未利用地	砂埴壌土，軟質，茶色	5.0	0～50	100～250	100～250
	トウモロコシ	砂埴壌土，軟質，茶色	5.5	0～50	100～250	50～100

表 4.3 オリッサ州，ランプン州でのネピアグラス栽培コストの試算結果

場所	内訳		必要量	単価（円）	コスト（円 ha^{-1}）
オリッサ	資材	肥料（N:P:K=15:15:15）	800 kg ha^{-1}	11	8800
		除草剤	6 L ha^{-1}	700	4200
		揚水ポンプ燃料	800 L ha^{-1}	85	25500
	その他（苗，農機具等）				17500
	人件費	管理	0.667 農家 ha^{-1}	84000	56000
	合計				112000
ランプン	資材	肥料（N:46%）	260 kg ha^{-1}	17	4420
		肥料（P_2O_5:44%）	91 kg ha^{-1}	80	7280
		肥料（K_2O:50%）	100 kg ha^{-1}	73	7300
		除草剤	10 L ha^{-1}	583	5830
		揚水ポンプ燃料	300 L ha^{-1}	50	15000
	その他（農機具等）				11170
	人件費	管理	1 家族 ha^{-1}	150000	150000
	合計				201000

という感触が得られた．実際に原料作物生産を開始するには法的な手続きに時間がかかるものの，可能性が皆無ではないことが判明した．また，ランプン州ではすでに進出している日系企業の支援を得られる可能性が高いことも判明した．

f．おわりに

バイオ燃料と食糧の競合問題は，第 1 世代バイオ燃料から第 2 世代バイオ燃料へ転換するだけでは解決しない．食用作物の栽培されていた農地でエネルギー作物を栽培すれば，本来なら供給されたはずの食糧を犠牲にすることになるからである．したがって，第 2 世代バイオ燃料へ転換するだけではなく，その原料作物を非農地あるいは未利用地で栽培することが必要となる．

本章では第 2 世代バイオ燃料の開発事業において，栽培適地を探索する際に利用した考え方と実際の手順を紹介した．食用作物の栽培研究であれば，イネは水田で，コムギやトウモロコシは畑で栽培するのは当たり前のことであり，問題となることはない．それが，バイオ燃料用のエネルギー作物の場合には，どこで栽培するか，という点も重要な課題となる．すなわち，食用作物の栽培学とは異なる新しい作物栽培学の確立が必要であり，筆者らはこれに 1 つの答えを出したことになる．

〔関谷信人〕

文　　献

1) Hattori, T. and Morita, S.（2010）：*Plant Prod Sci.*, **13**(3)：221-234.
2) 森田茂紀他（2013）：日本エネルギー学会誌，**92**(7)：562-570.
3) Sekiya, N. *et al.*（2014）：*Int. J. Agric. Biol. Eng.*, **7**(3)：59-67.

第5章　エネルギー作物の栽培システム

　本書では，エネルギー作物として主にエリアンサスとネピアグラスを中心にして議論を進めている．エリアンサスの利用は近年になって始まったことから，栽培に関する研究蓄積は皆無に等しい．一方，ネピアグラスは飼料として利用されてきたため，種子繁殖が困難であることや，切断茎の移植により繁殖可能であることなど，栽培に利用できる基礎的情報が存在する．しかし，これまでは巨大なバイオマスを生産するという遺伝的な潜在能力に依存して，粗放的に栽培されてきた側面が強い．すなわち，単位面積当たりのバイオマス生産量を長年にわたって高く維持するための栽培技術が探求されてきたとはいいがたい．したがって，両種とも「どのように栽培するのか？」という課題が大きく残っている．

　幸い，両種ともイネ科草本植物であるため，形態学的特徴や生理学的特徴はイネ科作物との類似性が高い．三大作物であるトウモロコシ，コムギ，イネのほかに，オオムギ，ライムギ，エンバクなどのムギ類や，アワ，トウジンビエ，シコクビエ，ソルガム等の雑穀類は，すべてイネ科に属している．当然のことながら，長年の栽培経験に加えて，研究成果も蓄積している．そうした膨大な知見から，エリアンサスとネピアグラスの栽培技術についても，有益な情報を得られる可能性が高い．

☀ 5-1　多年生作物の栽培研究

a. 栽培様式

　代表的な食用作物が一年生であるのに対して，エリアンサスとネピアグラスは多年生であり，生理的にも栽培的にも大きな差異が存在する．一年生作物の場合，通常，播種から収穫までの作業を毎年繰り返さなければならない．播種前に，硬く引き締まった土壌を膨軟にするために耕起し，大きな土塊を砕いて細かくする

ために砕土しなければならない．また，播種に適した畝や明渠（土壌表面に造成する排水路）を造成するための整地や，植物の初期生育を促進するための基肥の施用，除草や防虫を目的とした薬剤散布など，各種の圃場準備の作業がある．収穫までには，薬剤散布や植物生育を促進する追肥の施用，根系への酸素供給や除草を目的とした中耕や，畝に盛り土する培土が必要となる．

一方で多年生作物の場合，ひとたび播種あるいは苗の植付けをしてしまえば，数年から十数年にわたって播種・植付けを繰り返す必要がない．当然，生育期間中の管理作業や収穫は毎年繰り返されるものの，すでに植物体が生育しているため，植付け前の圃場準備作業も省略される．

図5.1は，一年生作物のトウモロコシと多年生作物のサトウキビを栽培する際の作業手順を示した．トウモロコシでは，耕起・砕土から収穫・調整までの一連の作業を毎年繰り返す．仮にトウモロコシ栽培の直後にほかの一年生作物を栽培

年次	一年生作物 （例：トウモロコシ）	多年生作物 （例：サトウキビ株出し栽培）
1年目	耕起, 砕土 ↓ 基肥, 除草剤, 殺虫剤 ↓ 播種 ↓ 追肥, 中耕, 培土 ↓ 除草剤, 殺虫剤 ↓ 収穫, 調整	耕起, 砕土 ↓ 基肥, 除草剤, 殺虫剤 ↓ 植付け ↓ 追肥, 中耕, 培土 ↓ 除草剤, 殺虫剤 ↓ 収穫, 調整
2年目	耕起, 砕土 ↓ 基肥, 除草剤, 殺虫剤 ↓ 播種 ↓ 追肥, 中耕, 培土 ↓ 除草剤, 殺虫剤 ↓ 収穫, 調整	↓↓ [作業省略] 基肥, 除草剤, 殺虫剤 ↓↓ [作業省略] 追肥, 中耕, 培土 ↓ 除草剤, 殺虫剤 ↓ 収穫, 調整
3年目	耕起, 砕土 ↓ 基肥, 除草剤, 殺虫剤	↓ 基肥, 除草剤, 殺虫剤

図5.1 一年生作物，多年生作物の栽培体系

するのであれば，同様に一連の作業を繰り返す．

　一方，サトウキビの株出し栽培では，1年目の収穫と調整が終わった直後にほかの作物を栽培することもなければ，2年目に耕起と砕土を実施する必要もない．収穫後の畑に残っている切株から再生させるため植付け作業も不要である．2年目以降，芽出し（株出し）して茎を生育させ，生育中の管理作業の結果として茎が十分に生長したところで，茎を収穫することを繰り返す．数年から十数年で収穫量が減少するため，抜根して，再び耕起から作業を始める．

b. 栽植間隔

　多年生作物では，一年生作物と比べて作業を省略できるため，その作業にかかる各種コストを削減することができる．しかし，一年生作物では毎年作業を繰り返すことで作業内容や効率を改善できるという利点があるものの，多年生作物では初年度の作業で生じた問題が数年から十数年にわたって影響する難点を抱えている．

　たとえば，単位面積当たり植付け株数である栽植密度の最適化は，単位土地面積当たりバイオマス生産量を増大させるために極めて重要である．栽植密度が高すぎれば，相互遮蔽によって下位葉まで日射が届かず，株全体の光合成能が低下する可能性がある．逆に栽植密度が低すぎれば，利用されずに土壌表面へ到達する日射量が増加し，単位面積当たり光合成量が低下する．また，雑草が繁茂して土壌養水分を搾取され，作物生育が阻害される可能性もある．

　したがって，初年度に不適切な栽植密度を採用すれば，抜根して改植しない限り，何年にもわたって繰り返し，問題への対処を迫られる可能性がある．ただし，多年生作物の栽培において栽植間隔の調節ができる場合もある（第6章参照）．

c. 土 壌 条 件

　一年生作物では，葉菜類を除いて，収穫した可食部以外の残渣を土壌にすき込んでしまう場合が多い．土壌へ還元された有機物は土壌微生物によって分解され，有機物に含まれる窒素，リン，硫黄などが作物に利用される．土壌微生物は有機物をエネルギー源として増殖するが，有機物量が多い場合（厳密には，炭素と窒素の比，C/N比が高い場合）に増殖に必須となる無機態窒素を周辺土壌から取り込んでいく．多量の有機物を土壌へ還元すると，短期的には作物の利用できる無機態窒素が不足する，いわゆる窒素飢餓が発生する．長期的にみれば，有機物の分解が進んで有機体窒素も無機化するため作物生育を促進する．また，有機物（とくに腐植物質）は土壌溶液のpHによって正負に帯電する部分をもつようにな

るため，植物の栄養となるイオンを保持し，土壌 pH の劇的な変化を緩衝する作用を発揮する．さらに，土壌粒子を接着して団粒化を促進するため，水分保持能を高めると同時に通気性と排水性を向上させる役割も果たす．

一方，多年生の原料作物では，地上部全量が収穫されてバイオ燃料の原料となる．地上部の収穫残渣は発生しないため，地上部の有機物が土壌へ還元されることもない．サトウキビの株出し栽培では，食用でも地上部のほぼ全量を収穫するため，植物残渣を土壌へ還元しない場合が多い．その結果，長期間に渡ってサトウキビを栽培している土壌では，養水分保持能が低下している実態も報告されている．

d. エネルギー作物への応用

エリアンサスとネピアグラスはいずれもイネ科に属していることから，イネ科の食用作物の栽培技術を参考にすることができる．しかし，一年生作物であれば作期と作期の間に必ず実施する栽培技術が，多年生作物では省略されてしまう（図5.1）．この差が植付けから数年後の作物生育，ひいては単位面積当たりバイオマス生産量に対して大きな影響を与える可能性がある．したがって，エリアンサスとネピアグラスの栽培について研究していくには，長期的な視点が必要になるが，長期間にわたって研究した事例はなく，これから情報を蓄積していくしかない．

5-2 エネルギー作物の栽培技術

食用作物の栽培に関しては，人類の長年にわたる試行錯誤に基づくノウハウがあり，近代農学が展開してからは，研究開発によって膨大な情報が蓄積されてきた．それに対して，自然植生に由来するバイオ燃料の原料作物については，栽培技術に関する情報は，ほとんど何も用意されていない．

バイオ燃料原料の候補作物である草本植物の多くは，自然環境で自生してきたか，それらを観賞用に庭園で栽培するようになったか，あるいは飼料用に粗放的な条件で栽培されている植物種である．これらの植物を栽培して，単位面積当たりのバイオマス生産量を長年にわたって高く維持するためには，一年生の食用作物とは異なる栽培技術体系が必要である．

a. エネルギー作物と栽培候補地

第4章で取り上げた開発事業ではネピアグラスを原料作物として選抜し，その栽培候補地を探索した．探索に当たっては，面積や地価の点から日本国内だけで

なく，アジア全体まで広げ，北緯0〜55度と東経70〜150度で囲まれる地域を対象とした．そして，第4章で説明した過程を経て，スマトラ島南部のランプン州を最終栽培候補地とした．

b. 気候・気象条件

栽培候補地であるランプン州の気象データが手に入らなかったため，対岸に位置するジャカルタ（ジャワ島）における気温と降水量の年間推移を参照してみる（図5.2）．ジャカルタは赤道近く（南緯5〜6度）に位置しているため，平均気温は年間を通じて27〜30℃という高い値である．

赤道付近には，熱帯収束帯と呼ばれる低気圧帯が形成される．この熱帯収束帯が太陽の位置に合わせて南北へ移動する際に，上昇気流で多量の雨を降らせる．その移動の南縁部に位置するランプン州やジャカルタでは，熱帯収束帯が上空に移動してくる1〜2月に雨期となり，北上して上昇気流の発生が減少する6〜9月に乾期が出現する．

c. 植付け時期

原料作物は，灌漑コストと二酸化炭素排出量を削減するために，天水を利用して栽培することが想定される．GISを利用した栽培候補地の選定過程では，気候の地理空間情報を利用して栽培期間中に十分な降水量が確保できる湿潤地域を抽出した．また，標高の地理空間情報を利用して平地あるいは緩やかな傾斜地を選定し，降水を効率よく利用できるようにした．

多年生作物の栽培では，初年度の管理作業が非常に重要な意味をもつ．とくに，植え付けた苗の初期生育を十分に確保することは，その後のバイオマス生産に大きな影響を与えることが多い．ランプン州では，年間を通じて気温が高いため，この点に大きな注意を払う必要はない．一方，降水量の季節変動は大きく，乾期

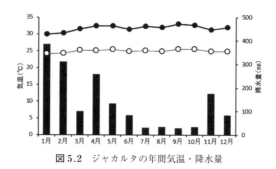

図5.2 ジャカルタの年間気温・降水量

に植え付けると初期生育が抑制される可能性が高い．十分な初期生育を確保するためには，11〜1月の植付けが最適と考えられる．

d．圃場準備

植付け時期が決まれば，次は圃場準備作業である．植え付けたネピアグラスの苗が速やかに生長し，十分な原料供給を実現するためには，旺盛な初期生育を確保する必要がある．ランプン州には，非農地あるいは未利用地が広く存在するが，土壌は農地と比較して硬度が高く，貧栄養である場合が多い．したがって，コストや二酸化炭素排出量が増加するものの，トラクターによる耕起，砕土，整地と化成肥料（窒素，リン酸，カリウム）の投入は必要となる．また，可能ならば堆肥を投入して，土壌有機物含量を増やすことも重要である．

e．植付け苗

ネピアグラスの種子は不稔で，発芽しないものが多い．自然条件下では側芽（分げつ芽）や匍匐茎から再生し，栽培条件下では切断茎を移植して栄養繁殖させる．図5.3は，切断茎を移植する様子を示している．ここでは，切断茎を便宜上，苗と呼んでいる．

ネピアグラスを含めたイネ科植物の茎は，ファイトマー（phytomer）という最小単位が軸方向に積み重なってできている．茎に葉の着く部位を節，節と節との間を節間と呼んでおり，ある節に着く葉と，その下の節間を合わせたものがファイトマーである．節間の基部で，ファイトマーの葉と反対側に側芽が形成される．

ネピアグラスの植付けには，少なくとも1つの側芽が形成されている切断茎を使う．すべての側芽が必ず茎に生長するとは限らないため，側芽が形成されている複数の節を含む切断茎を使うと，再生効率が高くなる．

f．栽植間隔

苗の切断茎は，食用作物の場合同様に，格子状に植え付ける．そうすることによって，バラバラに植え付けた場合と比較して，除草，中耕，培土，追肥などの管理作業が効率的になる．また，格子状に植え付けることで，それぞれの株が利用できる日射と土壌養水分が群落全体で最適化できる．

ネピアグラスを植え付ける格子の間隔，すなわち栽植間隔は，条間1m，株間0.5m（栽植密度は2株/m^2）が一般的である．ネピアグラスに限らず，作物は一般に直線状に植え付ける．この直線を条，条と条との間隔が条間，条内の株と株の間隔を株間と呼ぶ．

イネ科作物の側芽が生育した側枝を，分げつと呼んでいる．分げつの形成は栽

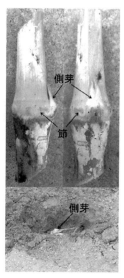

図5.3 ネピアグラスの植付け

植密度の影響を受け，ある範囲内の栽植密度であれば，密度が高いと分げつが少なく，密度が低いと分げつが多い．同時に，分げつ形成は遺伝的な影響もうける．したがって，条間1m，株間0.5mが一般的な栽植間隔とはいえ，品種が変われば最適栽植密度も異なる可能性がある．

g. 植付け方法

植付けの際には，深さ3～5cm程度の植穴を掘り，側芽を上方にして切断茎を土壌に埋める．ネピアグラスの側芽は生長能力が高く，開発事業で実施した栽培試験ではほとんどの場合，この植付け方法で順調に生育した．ただし，乾期の途中や降水量の少ない雨期に植え付ける場合は，水不足で生長が阻害されることもあり，必要に応じて補植する必要がある．

九州地方で飼料作物としてネピアグラスを栽培する場合，11～12月に切断茎を土壌に埋め，1～4月はビニルトンネルで保温して越冬させ，生長した茎を不定根と一緒に切断茎から切り離して畑に移植する．ランプン州でも同様の方法で，生育させた苗を補植する．少なくともランプン州においては，ネピアグラスに重大な病虫害は発生しないため，生育期間中の薬剤散布は実施しない．

h. 刈取り

バイオ燃料の原料作物を栽培する場合，製造プラントを通年稼働させるだけの

バイオマス量を確保することが重要である．食用作物のように収穫が一時期に集中すると，多量のバイオマスを保管し，随時，必要量を供給する体制を整えなければならない．そのため，保管施設の建設と維持管理で費用がかかり，二酸化炭素排出量も増加する．収穫時期を分散できれば，保管施設の規模を縮小できるため，コストと二酸化炭素排出量を削減できる．

ランプン州では年間を通じて平均気温が高いため，乾期の水不足を乗り切れば，ネピアグラスを周年栽培し随時収穫することができる．開発事業でネピアグラスの栽培試験を実施したところ，植付け後4ヶ月ごとに地上部バイオマスを刈り取ることで，1年間に45〜60 t/haのバイオマスを供給できた．これは，開発事業におけるバイオマス年間生産量の目標値である50 t/haをクリアーする値である．

i. 栽培管理

4ヶ月ごとの刈取り時に，15〜20 t/haの地上部バイオマス全量が搬出され，バイオ燃料の製造プラントへ供給される．それだけのバイオマスを生産するには，多量の土壌養分が吸収されているはずである．したがって，刈取り直後に追肥して，養分を補給する必要がある．

開発事業で実施した栽培試験の結果は，多量要素である窒素，リン酸，カリウムのほかに，微量要素の投入も不可欠であることを示唆していた．コスト削減のために化成肥料として微量要素を投入できなければ，微量要素を多く含む堆肥やバイオ燃料焼却灰の還元が有効である．

また，刈取り直後にはネピアグラスの葉が大きく展開しておらず，日射が土壌表面に到達する．雨期には土壌水分含量が高いため，刈取り直後の日射により雑草が多量に発生する．刈取り直後には，除草剤散布，刈払機による除草，または管理機による中耕，培土が必要になる．

5-3 条抜き多回刈りの考案

a. 刈取り頻度と再生状況

開発事業では4ヶ月ごとの刈取りを2ヶ月ごとに変えることで，さらに保管施設の規模縮小を目指した．しかし，刈取り頻度を高くすると，生育期間が短くなり，収穫までに十分な生育量を確保することができない．

刈り株から新たな茎が再生する際，葉が十分に発達していないため，植物体を構成する炭水化物を光合成で十分に確保することができない．そこで，根系に貯

蔵された炭水化物を利用して再生を行う．したがって，再生を速やかに進めるためには，多量の炭水化物を根系に蓄積しておかなければならない．

4ヶ月ごとの刈取りを2ヶ月ごとにすると，地上部バイオマス生産量が15～20 t/haから7.5～10 t/haに減少するだけではなく，光合成産物の根系への供給割合が低くなる．その結果，再生株の初期生育や，その後のバイオマス生産が抑制される．

b. 条抜き多回刈り法

この問題を解決するために開発事業で考案した刈取り方法が，図5.4に示す条抜き多回刈りである．4ヶ月ごとの刈取りでは，通常，畑に生育する全株の地上部バイオマスを刈り取ってしまう．直後に追肥や除草などの管理作業を施し，4ヶ月後に再生してきた地上部バイオマスを再び全刈りする．

一方，条抜き多回刈りでは，2ヶ月ごとに収穫を繰り返す．しかし，先述の問題を回避するために，全刈りではなく4条おきに交互に刈り取っていく．こうすることで，各株は4ヶ月間生育できる．すなわち，ある4条が2ヶ月間生育した時点で，その両脇に生育する各4条の地上部バイオマスを刈り取る．さらに2ヶ

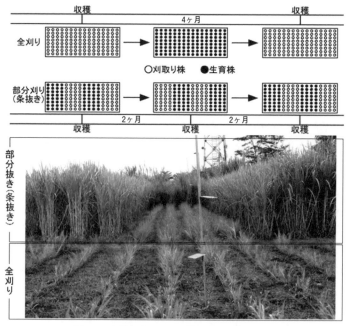

図5.4　条抜き多回刈りの模式図と実際の様子

月間が経過した時点で，その4条も刈り取る．その時点で両脇の各4条は再生後2ヶ月目を迎えることになる．4条ごとに抜き取る「条抜き」で，2ヶ月ごとに「多回刈り」する，「条抜き多回刈り」ということになる．

c. 周縁効果の利用

単に刈取り頻度を増やすことだけが目的なら，畑の一方の半面を全刈りした2ヶ月後に他方の半面を全刈りする作業を繰り返せばよい．あるいは複数の畑で栽培しているならば，半数の畑を全刈りした2ヶ月後に残りの半数を全刈りする作業を繰り返せばよい．

しかし，条抜きは単に刈取り頻度が増えるだけではなく，地上部バイオマスが増加するという大きな利点を備えている．作物は群落として栽培され，群落の周縁部に生育する植物体は群落内部に生育する植物体に比べて生育量が多くなることが知られている．これを周縁効果という．

群落内部の植物体は，日射や土壌養水分などの資源獲得において，隣接する植物体と競合した状態にある．それに対して周縁部に生育する植物体は，群落外側に競合する植物体をもたない．その結果，群落内部の植物体と比較して利用可能な資源が多くなり，それを吸収した周縁部の植物体では生育量が多くなると考えられている．

群落内部の4条を条抜きすると，その両脇に生育する植物体は強制的に群落周縁部で生育するような環境条件に曝されるため，周縁効果によって生育量が増加する．図5.5は，開発事業で実施した栽培試験において，植付け後20ヶ月間にわたって全刈りと条抜き多回刈りした場合の地上部バイオマス生産量を比較した結果である．

植付け後12ヶ月目までは，刈取り法の間で地上部バイオマス生産量に有意な差

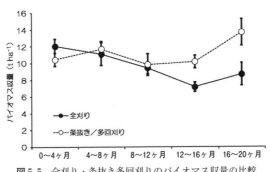

図5.5　全刈り・条抜き多回刈りのバイオマス収量の比較

は検出されなかったものの，16ヶ月が経過した時点で，全刈りよりも条抜き多回刈りした地上部バイオマス生産量が有意に大きくなった．実際，条抜きした4条の両脇に生育する植物体では，下位葉に到達する日射量が増加していた．条抜き多回刈りは，日射に対する競合を緩和して，地上部バイオマス生産量を増加させた可能性がある．

　原料作物として期待される大型のイネ科草本植物は，いずれも多年生植物であることから，一年生作物である食用作物の栽培技術や栽培システムとは異なる，長期的な視点が必要となる．第二世代バイオ燃料の開発事業で開発されたネピアグラスの栽培システムは限られた時間と条件の中で開発されたものであり，まだ改良すべき点が多い．今後の研究や技術開発，一年生の食用作物とは異なる視点がポイントとなる．　　　　　　　　　　　　　　　　　　　　〔関谷信人〕

文　献

1) Hattori, T. and Morita, S. (2010)：*Plant Prod. Sci.*, **13**(3)：221-234.
2) 森田茂紀他（2013）：日本エネルギー学会誌, **92**(7)：562-570.
3) Sekiya, N. *et al.* (2015)：*Plant Prod. Sci.*, **18**(1)：99-103.

第6章　エネルギー作物の群落発育学

☀ 6-1　収量形成と群落の発育

　イネ科作物やマメ科作物を食用として栽培する場合，収穫期に地上部全体を刈り取るが，利用するのは子実のみである．しかし，同じイネ科作物やマメ科作物でも飼料とする場合は，刈り取った地上部全体を利用する．本章で対象とするセルロース系エネルギー作物も，地上部全体を刈り取ってすべてを利用する点では，飼料作物と同じである．

　すなわち，通常の食用作物の場合，経済学的収量＝生物学的収量×収穫指数として，経済学的収量を上げるには生物学的収量の増加だけではなく，収穫指数にも考慮する必要がある．一方，セルロース系エネルギー作物では収穫指数が1（100％）で，経済学的収量＝生物学的収量なので，生物学的収量にあたる地上部バイオマスをどのようにして増やすかを考えればよい．このように，エネルギー作物の収量形成は，食用作物と比べて考えやすい側面がある．

　収量は単位面積当たりの収穫量のことであり，収量形成を検討していく場合，食用作物は群落状態で栽培することが想定されている．エネルギー作物も，群落で栽培する点は基本的に同じである．

　ただし，これまで述べてきたように，ほとんどの食用作物が一年生であるのに対し，エネルギー作物として注目しているエリアンサス（図6.1）やネピアグラスは多年生草本植物であり，群落の大きさや構造が年々変化する．そのため，それに伴って収量も変わることが予想されるが，多年生草本植物の群落構造については，植物生態学の分野で単年度の調査が行われているにすぎない．したがって，これらのエネルギー作物の収量形成を検討するには多年生草本植物の群落発育学の構築が必要であり，それをふまえて栽培システムを検討していくことになる．

図 6.1　エリアンサス（*Erianthus arundinaceus*）の群落

☼ 6-2　群落の発育と構造の解析

a. 生長解析の考え方と課題

(1)　個体群生長速度

作物群落における物質生産を量的に検討する方法として生長解析があり，生長解析における代表的な指標としては，個体群生長速度（crop growth rate, CGR）がある．CGR は，単位面積当たりの 1 日の乾物増加量のことで，以下のように定義される．

$$CGR = dW/dt$$

ここで，W は時刻 t における乾物重である．

横軸に時間，縦軸に CGR をとると，一般に S 字曲線となる．すなわち，CGR は生育初期には小さく，やがて増加し，最後は再び小さくなる．この CGR を求めれば群落の発育を量的にとらえることができるが，群落の大きさに影響されるため，CGR だけでは異なる時期の生育や異なる群落の生育を比較することは難しい．

(2)　相対生長速度

その点を補うために，合わせて相対生長速度（relative growth rate, RGR）という指標を利用することがある．RGR は，単位乾物重当たりの生長速度で，以下のように定義される．

$$RGR = (1/W) \cdot (dW/dt)$$

このCGRとRGRは，以下のように分解できる．

$$CGR = LAI \cdot NAR$$
$$RGR = (LWR \cdot SLA) \cdot NAR = LAR \cdot NAR$$

ここで，LAI：葉面積指数（単位面積当たりの葉面積の比），NAR：純同化率（葉面積当たりの乾物増加速度），LWR：葉重比（全乾物重当たりの全葉重比），SLA：比葉面積（葉重当たりの葉面積比），LAR：葉面積比（全乾物重当たりの葉面積比）である．

(3) 生長解析と最適葉面積指数

以上のように，CGRとRGRの2つの指標を利用すれば，群落の発育を定量的に把握することができるだけでなく，CGRやRGRの大小が，群落のどのような形質によって規定されているかを解析することができる．この場合，CGRおよびRGRは上の式に示したように，いずれも葉面積に関わる形質と葉面積当たりの乾物増加速度とに分解できる．後者は，葉の光合成速度にあたるものであるから，限界があることは容易に想像がつく．

一方，前者の葉面積に関わる形質であるLAIは，生育時期や群落の条件によって大きく変わる．通常，群落の発育とともにLAIも増加するが，過繁茂になると葉の相互遮蔽が強くなり，物質生産は頭打ちになる．同時に，葉面積が増加するとその分の呼吸量も増加する．したがって，群落の物質生産が最大となるLAIが存在することになり，これを最適葉面積指数と呼んでいる．

b. 生産構造図と群落光環境

(1) 層別刈取り法と生産構造図

群落構造を解析するためには，Monsi und Saeki（1953）が開発した生産構造図を利用することが多い．この生産構造図を描くには層別刈取り法を用いる．

すなわち，群落内部に方形枠を設置し，その内部にある植物体の空間的配置を維持しながら，地表面から通常，10～20 cmずつ刈り取っていく．そして，刈り取った地上部を同化器官（葉身）と非同化器官（葉鞘・茎・穂）とに分け，乾物重を測定する（葉身については同時に葉面積を測定することがある）．

また，地上部を刈り取る前に群落内部の照度を高さ別に測定し，群落直上部における照度を100％とした場合の相対値を算出する．このようにして求めたデータをもとに，同化器官・非同化器官の乾物重と，群落内部の相対照度の垂直分布を示したのが生産構造図である（図6.2）．

生産構造図は物質生産の基礎となる群落の構造を示すものであり，これを利用

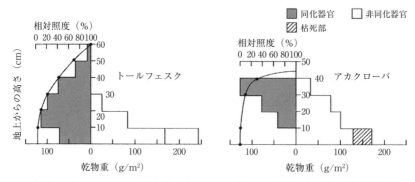

図 6.2 トールフェスク（左）とアカクローバ（右）の生産構造図（文献[5]を改変）

すると，群落のそれぞれの高さにおける葉面積の大小を同化器官の乾物重で近似できる．したがって，それぞれの高さにおける相対照度との積を合算すれば（光－光合成曲線を利用すればさらに正確に）群落の物質生産の推移を推定することが原理的に可能である[2, 10]．

(2) 群落の光環境としての吸光係数

生産構造図を解析すると，群落内の同化器官の垂直分布が，高さ別の相対照度の減衰の様相を規定していることもわかる．たとえば，イネ科草本植物の群落では同化器官が比較的下層まで分布して，そのピークが下側にあるため，照度の減衰も比較的緩やかである．一方，広葉草本植物の群落では，同化器官の分布が群落上部に偏っており，ピークも上側にあるため照度が急激に減衰し，光があまり下まで届かない．

Monsi und Saeki（1953）は，葉量と照度との間に密接な関係があることを明らかにした．すなわち，群落最上部から，ある高さまでに分布する葉量（積算葉面積指数，F）と，その高さにおける照度（I）との間には，以下の関係が認められる．

$$I = I_0 \cdot e^{-KF}$$

ここで，I_0 は群落直上部における照度，K は定数であり，両辺を I_0 で割って自然対数をとると，

$$\ln(I/I_0) = -K \cdot F$$

となる．したがって，左辺を縦軸，右辺を横軸にとると，両者の間には $-K$ の傾きをもった直線関係が認められる（図6.3）．この K は吸光係数と呼ばれ，葉の空間的配置と群落内の相対照度の減衰との関係を示す重要な指標である．以上のよ

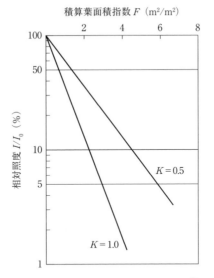

図 6.3 積算葉面指数と相対照度との関係（文献[11]を改変）

うに，群落構造を検討していく場合，生産構造図を描くとともに，吸光係数に着目する必要がある．

6-3 群落の構造と形成過程

a. 群落地上部の構造と形成

(1) 群落構造の経年変化

エネルギー作物であるエリアンサスはイネ科の多年生植物で，バイオマス生産性が高いことが特徴の1つである．多年生植物なので，苗を植え付けてから年々，群落構造が変化していくことが予想されるが，これまで調査報告がなかった．そこで，1m×1mの栽植間隔で苗を定植し，1年目と2年目の出穂期における群落（図6.4）の構造を解析するために生産構造図を描いた（図6.5）．

定植1年目の群落の生産構造図は典型的なイネ科草本型の特徴を示しており，同化器官と非同化器官の多くは群落の下層に分布している．また，上層から下層に向かい同化器官の累積バイオマス量が増加するのに伴って相対照度が減衰しているが，比較的下層まで光が届いている．

定植2年目になると，同化器官および非同化器官のバイオマス量は，いずれも

図6.4 エリアンサス群落の生育（左：定植1年目，右：定植2年目）

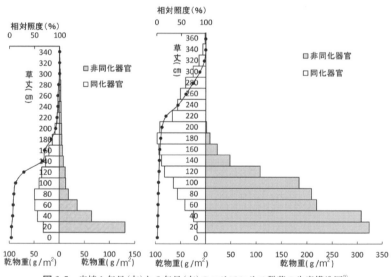

図6.5 定植1年目(左)と2年目(右)のエリアンサス群落の生産構造図[2]

定植1年目より増加したが，とくに非同化器官の増加が著しい．同化器官はバイオマス量が増えるとともに，分布の中心が群落上層に移動する．このような群落構造の変化に伴って相対照度は高い位置で減衰し，一定の高さでほぼ0％となる．

すなわち，エリアンサスの群落構造は経年変化し，それに伴って群落内における光環境の様相も変化する[2]．

(2) 群落構造の形成過程

先に述べたように，群落構造を解析する場合，層別刈取り法を用いて生産構造図を描く．ただし，これは破壊的な方法であり，反復を含んで一定株数が必要となるため，生育期間中に何回も実施することは現実的でない．そこで，作物群落の葉面積指数を非破壊的に計測するプラントキャノピーアナライザー（PCA）を用いて，群落構造の形成について解析が試みられている．

具体的には，PCA を用いて群落の葉面積指数を高さ 30 cm ごとに測定し，測定結果の差し引きから層別の葉面積指数を算出する．同時に群落内の照度を測定して，高さ別の相対照度も算出する．これらのデータから生産構造図に相当するものを描けば（図 6.6, 6.7），定植 1 年目および 2 年目の両群落の発育を追跡することができる．

結果をみると，両群落では葉面積指数が増加しながら，その分布が群落の高い方へ移動している．また，それに伴って群落内の相対照度が大きく減衰する位置が，同じく高い方へ移動することも確認できる．しかし，定植 1 年目と 2 年目とでは群落の発育の様相が異なる．すなわち，葉面積指数の増加は定植 2 年目の方が著しく，それに伴って相対照度が 50％未満になる位置も早い時期から高くなることがわかる（図 6.8）．また，定植 2 年目の群落は定植 1 年目の群落より収量が

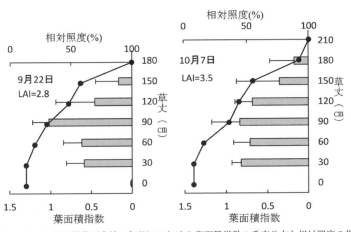

図 6.6 エリアンサス群落（定植 1 年目）における葉面積指数の垂直分布と相対照度の推移[2]

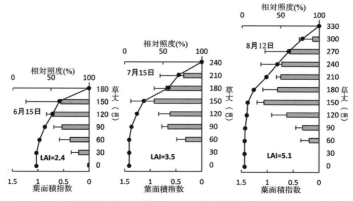

図 6.7 エリアンサス群落（定植2年目）における葉面積指数の垂直分布と相対照度の推移[2]

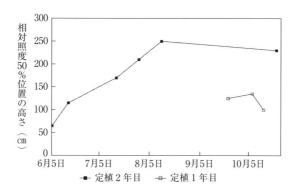

図 6.8 定植1年目・2年目における相対照度50％位置の推移[2]

かなり多いが，出穂期における生産構造図をみる限り，群落内の光環境は物質生産にとって必ずしもいい状態とはいえない．

(3) 群落構造の変化と間引きの効果

群落発育の経年変化は，生育調査の結果（図6.9）をふまえて考察した方がよい．すなわち，定植1年目に定植したエリアンサスの苗は1～2本の茎しかもたないが，生育とともに分げつ数が増え，出穂期まで徐々に茎数が増加する．一方，定植2年目の群落では，前年の刈り株に形成されていた分げつ芽が動き出すことで再生が始まるので，生育初期からある程度の茎数が確保される．したがって，株を構成するかなりの茎は，それぞれ生育期間が十分に確保されるため，茎は太

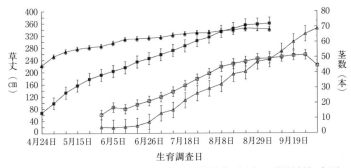

図 6.9 定植1年目・2年目における草丈と茎数の推移[2]

く，長く，着生した葉の数も多くなったと考えられる．

　以上のように，群落全体の発育に伴って葉面積（指数）が増加し，相対照度も高い位置で減衰する．そのため，群落の物質生産を増加させるには，群落の下層まで光を取り込み，光合成の総量を増やす必要がある．群落下層まで光を取り入れるための栽培管理として，間引きを行うことが考えられる．

　間引きを行うと個体密度は低下するが，残された株の生育が促進されるため，群落全体として増収になる可能性がある．しかし，エリアンサスの場合，最適栽植密度が明らかとなっていないため，実際にやってみなければ間引きの効果はわからない．そこで，定植1年目と2年目の両群落において，栽植密度を1m×1mから2m×1mに間引いたところ，両群落とも増収した[4]．この結果は，群落構造の変化に伴って最適栽植密度が変わる可能性を示しており，栽培システムに間引きを利用できる可能性がある．

b. 群落地下部の構造と形成

　エネルギー作物の栽培と利用を考える場合，食料とエネルギーとの競合を回避する必要がある．そのためには，非食用のセルロース系エネルギー作物を原料とするだけでは不十分であり，最終的には，そのエネルギー作物を食料生産に利用しない非農地で栽培することが期待されている．その点，エリアンサスは環境ストレス耐性が高く，土壌条件が悪くても栽培が可能で，高いバイオマス生産性を示す点で優れている．

　実際に，国内（千葉県富津市）と海外（インドネシア・スマトラ島）の非農地において行われたエリアンサスの試験栽培では，高いバイオマス生産性が実証さ

れている[8]．このように，不良土壌条件下においても高いバイオマス生産性を示す背景の1つには，根系の形態と機能があると考えられており，根系形成についても検討が進んでいる[3]．

(1) 改良土壌断面法による解析

まずは，1m×1mの栽植間隔で苗を定植した定植1年目と2年目の群落を対象として，改良土壌断面法で出穂期における根系調査を行った．改良土壌断面法では，対象とする群落を構成する株の近くに塹壕を掘り，壁面を整形した後，土壌採取用の円筒（100 cm^3）を打ち込んで，根を含む土壌を採取する（図6.10）．その中の根を丁寧に洗い出して，長さと重さを測ることで根系分布を解析できる．

こうして得られたデータを図示したのが，図6.11である．定植1年目から2年目になると根量が増えるとともに，根系分布が深くなる．データは深さ2mまで採取されたが，根はさらに深くまで到達している．この調査では，採取した根の画像（図6.12）に対してWinRHIZOというソフトを利用したので，根の長さだけでなく根の直径も測定できる．その他，群落を構成する株の生育調査を継続的に行い，茎数と草丈の推移が追いかけられている．

これらのデータを総合すると，エリアンサスの根系形成は，以下のように進行すると考えられる．まず，定植1年目は茎が1～2本の苗から出発するため，茎数の増加が緩やかである．ついで2年目は，1年目の刈り株に形成されていた多くの分げつ芽の再生から生育が始まるため，茎数の増加が早く，それに伴って茎の生育期間が長くなり，最終的に茎が太くなる．太い茎からは太い節根が形成され，その太い節根が下方向に伸長し，最終根長も長く，根域が大きく深くなる．この

図6.10 改良土壌断面法によるエリアンサスの根系調査[3]

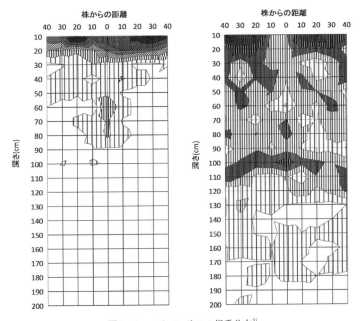

図 6.11 エリアンサスの根系分布[3]
左：1年目，右：2年目．横軸の0は調査した株の位置を示す．RLD：根長密度．
□　0 cm＜RLD≦0.5 cm，▥0.5 cm＜RLD≦1.0 cm，▦1.0 cm＜RLD≦1.5 cm,
▨1.5 cm＜RLD≦2.0 cm，▩2.0 cm＜RLD≦2.5 cm，▣2.5 cm＜RLD≦3.0 cm,
■3.0 cm＜RLD≦3.5 cm，■3.5 cm＜RLD≦4.0 cm，■4.0 cm＜RLD≦4.5 cm.

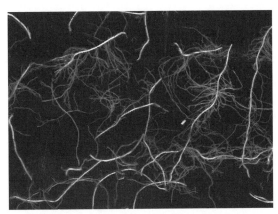

図 6.12 エリアンサスの根のスキャナー画像

ように考えてみると，得られたデータとのつじつまがあう．

(2) イングロースコア法による解析

土壌改良断面法で得られるデータは，ビジュアルな表現ができるので便利であるが，破壊的な方法であるため，エリアンサスのような大型の根系をもつ作物で生育期間中に何回も実施することは難しい．したがって，根系形成を追跡するのには向いていないし，根の現存量を把握できても，形成と枯死を分けることもできない．しかし，実際の根系形成では新しく根が生まれると同時に，古い根が死んで，分解されていく．

根の形成と枯死とを分けて把握しながら根系形成を追跡するためには，イングロースコア法による調査を行う．すなわち，生育時期 A に土壌円柱を掘り出し，含まれている根量を現存量 MA とする．土壌円柱を掘り出した場所にメッシュバッグ（プラスチック網製の円筒）を埋め，その中に根が含まれていない土壌を充填する（図 6.13）．このメッシュバッグを生育時期 B に掘り出し，その中にある根量を YB とする．

生育時期 A にメッシュバッグを埋めた時点では中に根はなかったので，根量 YB は生育時期 A から B までに新たに形成された根量になる．また，生育時期 B に新たに土壌円柱を掘り取り，その中に含まれている根量を現存量 MB とすると，以下の式が成り立つ．

$$MA + YB - X = MB$$

ここで，MA：生育時期 A における現存量，YB：生育時期 A～B に形成された根量，X：生育時期 A～B に枯死した根量である．この式から，上記の手順で

図 6.13 イングロースコア法におけるメッシュバックの挿入[3]

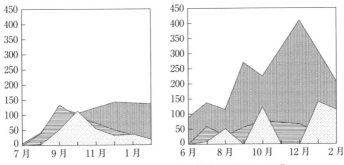

図 6.14 イングロースコア法で推定した根重の推移[3]
左：定植 1 年目，右：定植 2 年目．
□：根の現存量，▤：根の形成量，▨：根の枯死量．

MA，YB，MB を実測すれば，根の枯死量 X を算出することができる．

実際にイングロースコア法を用いてエリアンサスの根系調査を行った結果，形成量だけでなく枯死量も明らかとなった（図 6.14）．ただし，イングロースコア法では現実的に土壌表層 30 cm しか取り扱うことができない．そこで，改良土壌断面法の現存量のデータと組み合わせて，根の分布が確認できている地下 2 m までの根域における枯死量を試算したところ，定植 1 年目は約 140 g/m^2，2 年目は約 270 g/m^2 の炭素が土壌中に供給されている計算になった．

根系形成に伴って土壌中に供給される炭素の一部は，微生物の呼吸によって二酸化炭素として放出され，残りは土壌中に貯留されるため，地球温暖化対策となる可能性がある．また，多年生エネルギー作物の生きている根からは，常に土壌中に有機物が分泌されている．したがって，根系形成は炭素収支の観点からも検討していく必要がある．

6-4 群落構造と栽培管理法

a. 最適栽植密度の変化

エネルギー作物の栽培では，単に収量を上げることだけではなく，エネルギー収支やエネルギー効率を考慮する必要があり，低投入持続的な多収栽培のシステムを構築しなければならない．エリアンサスは，耕起・施肥・灌水は省略しても栽培が可能であるし，少なくとも現時点では，病害虫防除の必要はなく，除草も定植 1 年目だけでよい．そのため，通常の食用作物より栽培に必要なエネルギー

は少なくてすむ．

　前述したように，エリアンサスを栽培する場合，栽植密度が1つのポイントとなり，検討が行われている[8]．エリアンサスの苗を高密度（栽植間隔：1 m×1 m），中密度（2 m×1 m），低密度（2 m×2 m）で植え付けて，収量の経年変化を調査した結果，定植1年目は高密度区の収量が最高であったのに対し，定植2年目になると中密度区が最も高くなった（図6.15）．

　エリアンサスは多年生作物であり，植付け数年間は個体あるいは株が徐々に大型化し，収量が増大していく．それに伴って葉面積が増えるが，密度によっては相互遮蔽が起こるため，最適栽植密度が経年変化していくことになる．したがって，生育状況との兼ね合いで最適栽植密度は低くなっていくと考えられる．この点は，品種特性と気象・土壌環境条件などの影響を受けることも十分ありえるので，具体的な栽植密度については，栽培試験を行ってさらに詰めていく必要がある．

b．栽培システムの最適化

　エリアンサスを栽培する場合，定植後の年数の経過とともに最適栽植密度が変わることは，すでに述べたように以前から明らかになっていた．今回，エリアンサス群落の構造とその内部における光環境について詳細に検討した結果，その背景が明らかになってきた．

　すなわち，エリアンサス群落では年々，刈り株が大きくなり，翌年の再生が始まる時点における分げつ芽の数が十分に確保されるようになる．同化器官のバイオマス量が増えるとともに，分布が高い方に移動するため相対照度の減衰が著しく，光環境が悪化してくる．そのため，最適栽植密度は徐々に低くなると考えられる．

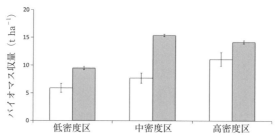

図6.15　エリアンサスのバイオマス収量に及ぼす栽植密度の効果の年次変化[8]
　　　左：定植1年目，右：定植2年目．

この考え方を援用すると，群落を構成する株の生育状況をみながら，適宜，間引いて栽植間隔を広げることで収量を上げることができる可能性がある．ただし，先に紹介した栽培試験は，異なる栽植間隔における収量変化を追いかけたもので，栽植間隔を変えたときの変化をみたものではないことに注意しなければならない．

　また，エリアンサスの栽培では，10年レベルで栽培期間におけるバイオマス生産量の合計を最大化することが目標となる．この点も考慮して，栽培システムの最適化を進めていくことが必要である．現在までの検討結果では，苗は高密度で定植しておき，比較的早い時期から間引くことで，バイオマス生産量の合計を最大化できる可能性が大きいと考えられている．いずれにしても，多年生草本作物のエネルギー作物の栽培学を体系的に構築することが望まれる．

〔金井一成・森田茂紀〕

文　献

1) 岩城英夫（1979）：群落の機能と生産，朝倉書店．
2) 金井一成他（2017a）：東京農業大学農学集報，**62**(1)：13-20．
3) 金井一成他（2017b）：根の研究，**26**(2)：25-33．
4) 金井一成他（2017c）：日本作物学会第243回講演会要旨集，6．
5) 窪田文武（1999）：作物学総論（堀江　武他編），pp.143-162，朝倉書店．
6) Monsi, M. und Saeki, T.（1953）：*Jpn. J. Bot.*, **14**：22-52．
7) 森田茂紀（2000）：根の発育学，東京大学出版会．
8) 森田茂紀他（2013）：日本エネルギー学会誌，**92**(7)：562-570．
9) 村田吉男（1976）：作物の光合成と生態―作物生産の理論と応用，農文協．
10) 野本宜夫・横井洋太（1981）：生物学教育講座6 植物の物質生産，東海大学出版社．
11) 大杉　立（2006）：栽培学―環境と持続的農業―（森田茂紀他編），pp.97-104，朝倉書店．
12) 戸苅義次（1971）：作物の光合成と物質生産，養賢堂．

第7章 エネルギー作物の ストレス耐性

 長年にわたる品種改良および栽培技術の改善の結果,食料生産量は増加を続けてきた.しかし,世界的には人口も増加を続けており,また近年は地球温暖化による気候変動の影響が様々,発生している.今後も食料生産を安定的に向上させていくことが必要である.

 したがって,化石エネルギー枯渇対策および地球温暖化対策として,とくに日本においては東日本大震災復興支援として,エネルギー作物を栽培して利用していくシステムを構築する場合,食用作物の栽培と競合してはいけない.食料とエネルギーとの競合を避けるためには,非食用エネルギー作物を栽培する必要があるが,それだけでは十分ではない.すなわち,食用作物を栽培するための優良農地を利用したのでは,競合を回避することができない.そのため,最終的には,エネルギー作物を荒廃地などの非農地で栽培したり,農地であっても土壌条件が不良なために利用されていない場所を使うことを考える必要がある[2].

 エネルギー作物をこのような場所で栽培する場合,たとえば干ばつ,過湿,養分不足などの土壌環境ストレスが発生することが想定される.このような不良土壌条件下でも巨大な地上部を支え,生育に必要な水分や養分を吸収し,地上部バイオマスの生産性を高く維持する根系が必要不可欠である.しかし,エネルギー作物の根系に関する研究は必ずしも十分ではない.

 本章では,セルロース系エネルギー作物として有望なエリアンサスとネピアグラスのストレス耐性について,根系分布や根の生育形態特性を考慮しながら解説する.

☀ 7-1 根系形成とストレス反応

a. エリアンサス・ネピアグラス:深根性

 根系分布の様相を定量的に把握することは,根系の機能および形態を検討した

り，それをふまえて灌漑や施肥などの栽培技術を確立するために重要である．そこで，エリアンサスとネピアグラスの巨大な地上部を支える根系の分布について，改良土壌断面法で調査し（図7.1），根長密度（土壌1 cm^{3}中に含まれる根の長さ，単位はcm/cm^3）を指標として，土壌の深さ別に評価した．

結果をみると，定植1年目と3年目のエリアンサスとネピアグラスでは，多くの根が深さ0〜0.4 mの土層に発達している（図7.2）．また，いずれの植物の根も深さ2.0 mの土層まで伸長しており，とくにエリアンサスは生育が進むにつれて根量が増えるとともに，根域がしだいに深層に広がることが確認できる．一方，比較のために栽培したサトウキビでは，深さ0〜0.2 mの土層に多くの根が分布しており，エリアンサスやネピアグラスのように深層に分布する根は少ない（図7.2）．

ほかの研究例では，Matsuo et al.（2002）が，東北タイにおける調査で，エリアンサスは深さ2.5 mまで，ネピアグラスも1.5 mまで根が伸長分布していることを確認しており，さらにエリアンサスは，深さ1.5 mにある硬盤層を貫通していることも報告されている[5]．また，Sekiya et al.（2013，2014）も，日本およびインドネシアの非農地でエリアンサスとネピアグラスの根系分布を調査し，少なくとも深さ1.8〜2.5 mまで根が分布していることを報告している[8,9]．

以上のように，エリアンサスおよびネピアグラスは，ともに浅い土層から深い土層まで根を分布させ，硬い土壌中へも根を伸長させることができる．したがって，干ばつで土壌表層が乾燥しても土壌深層から吸水できるし，土壌養分が欠乏

図7.1 改良土壌断面法によるエリアンサスの根系調査[7]

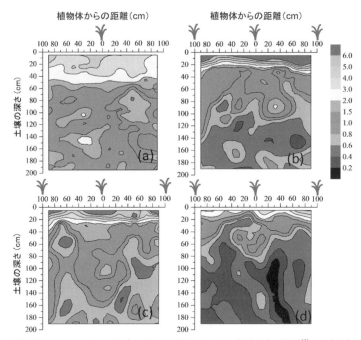

図7.2 エリアンサス，ネピアグラス，サトウキビの根系分布（文献[11]より作図）
右側の凡例は，根長密度（cm/cm^3）を示す．(a) エリアンサス3年目，(b) エリアンサス1年目，(c) ネピアグラス1年目，(d) サトウキビ1年目．

している土壌でも広い範囲から養分を集めることができるため，不良土壌条件でも栽培が可能であると考えられる．

b. ネピアグラス：耐湿性

エリアンサスやネピアグラスは根系が土壌深層まで発達して，一時的な干ばつに強いと考えられると同時に，同じイネ科のトウモロコシなどに比べて，耐湿性も優れている．インドネシアにおいて，土壌にビニールシートを埋設して人為的に約1ヶ月間湛水状態を継続させる栽培試験を行ったところ，トウモロコシの生育は著しく抑制され，草丈および地上部乾物重が小さかったのに対して，エリアンサスやネピアグラスは生育が阻害されなかった（図7.3）．これは，エリアンサスおよびネピアグラスの根に通気組織（図7.4，7.11，7.13も参照）が発達することが，大きな理由の1つと考えられる[10]．

このほか，ネピアグラスは土壌が過湿状態になったり湛水した場合，溶存酸素が多い土壌の表層や湛水中に，節根や側根を比較的短期間のうちに発達させる（図

図7.3 インドネシアにおける耐湿性に関する栽培試験
右:トウモロコシ,左:ネピアグラス.

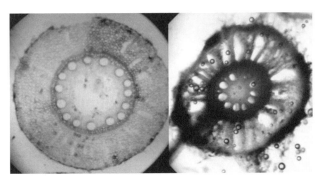

図7.4 湛水状態で栽培したトウモロコシ(左)とネピアグラス(右)の根の横断面
ネピアグラスの長細い孔が通気組織.

7.5)ことがわかっている[10].このとき,節根や側根の中には,通常の正の重力屈性を示さず,上に向かって伸びるものも多い(図7.6).

　以上のような生育反応は,湿害に強い繊維作物のケナフでもみられることが報告されている.湿害に弱いトウモロコシでも,湛水条件に反応して表面水中に節根や側根を形成することがあるが,その場合は根長が短いうちに短期間で根端が死んでしまうことが多い.これらのことから,ネピアグラスが強い耐湿性を示し,湛水条件でも生き残る理由の1つに,根系形成の特性が関係していると考えられる.

図7.5　湛水状態で栽培したネピアグラスの節根

図7.6　湛水状態で栽培したネピアグラスの節根と側根

7-2　根の構造とストレス耐性

a. エリアンサスの保護組織

　エリアンサスの根系を形成する節根の外部形態（図7.7）を観察すると，細いもので直径約0.5 mmから，太いもので5 mmを超えるものまである（図7.8）．すなわち，エリアンサスの節根は太いこと，また直径の変異が大きいことが特徴である．

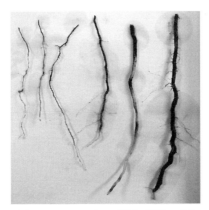

図7.7 エリアンサスの節根の形態の変異

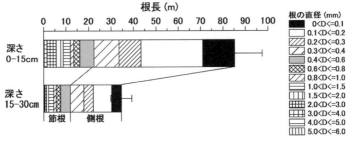

図7.8 エリアンサスの節根・側根の直径別根長

　節根の表面をみてみると，根毛が発達している（図7.9）ほか，鞘状の土壌構造，すなわち，soil sheath が形成されており（図7.10），水洗いをしても剥離せず，超音波洗浄処理でようやく除去できるほど根に密着している．

　soil sheath は，根の表面および根毛から分泌される多糖類を主成分とする有機物が糊の役割を果たして，土壌粒子を粘着させていると考えられる．乾燥条件下で根の機能を保護する可能性が報告されている[6]．

　また，表皮の内側に，1層の外皮と数層の厚壁組織からなる木質化した下皮が発達している（図7.11）．イネでは水稲品種の厚壁組織は1層であるのに対し，耐乾性に優れた陸稲品種では厚壁組織が数層まで発達する場合がある[3]．エリアンサスの厚壁組織も，soil sheath とともに根のストレス耐性を高めている可能性がある．

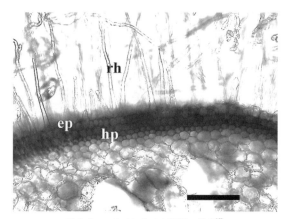

図7.9 エリアンサスの節根の根毛[12]
ep：表皮，hp：下皮，rh：根毛．図中のバーは200 μm．

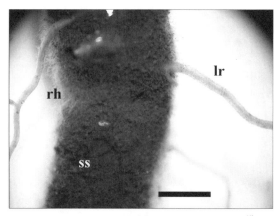

図7.10 エリアンサスの根に形成されたsoil sheath[12]
lr：側根，rh：根毛，ss：soil sheath．図中のバーは2 mm．

b. エリアンサスの組織構造

エリアンサスの節根の横断面を観察すると，根の基部側から先端側へ酸素を供給する役割を果たす通気組織がよく発達している（図7.12, 7.14も参照）．根に通気組織が発達していることで，一時的湛水や過湿に対して耐性を発揮できる可能性が高い．

中心柱は，内鞘，通導組織，柔組織の3つから構成されている．イネ科作物では，中心柱の最外部を構成する内鞘は通常1層であるが，エリアンサスでは複数層をなし，細胞壁が厚く木質化した楕円状の細胞から構成されている（図7.13）．

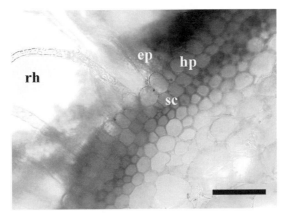

図7.11 エリアンサスの節根の表層の構造[12]
sc部分はリグニンの沈着を示す．ep：表皮，hp：下皮，
rh：根毛，sc：厚壁組織．図中のバーは100 μm．

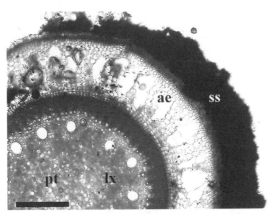

図7.12 エリアンサスの節根の断面図[12]
ae：通気組織，lx：大型の後生木部導管，pt：柔細胞からなる
髄，ss：soil sheath．図中のバーは500 μm．

　中心柱の周縁部には多数の導管と篩管が配列している（図7.12～7.14）．根の直径と木部数（極数）および後生木部導管の直径との間には密接な関係が認められることから（図7.15），エリアンサスの太い節根は，ほかのイネ科作物に比較して通導能力が高いことが推察される[11]．

　エリアンサスの節根では，中心柱中央の柔細胞に多数のデンプン粒が蓄積する（図7.16）．近縁のサトウキビではこのデンプン粒の蓄積は確認されておらず，エ

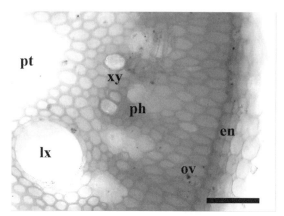

図7.13 エリアンサスの節根の中心柱の周辺側構造[12]
en：内皮，lx：大型の後生木部導管，ov：楕円状の細胞，ph：篩部，pt：髄，xy：小型の後生木部導管．楕円形の細胞（ov）や内皮（en）の細胞壁の色が濃いのは木質化のため．図中のバーは $100\,\mu\mathrm{m}$．

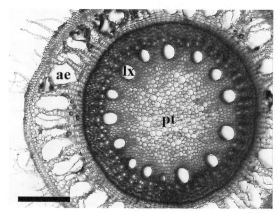

図7.14 エリアンサスの節根の横断図[12]
ae：通気組織，lx：大型の後生木部導管，pt：髄，図中のバーは $500\,\mu\mathrm{m}$．

リアンサスの特徴といえる．また，デンプン粒の消長には季節変動が認められ，デンプン粒の蓄積と翌春の地上部の再生との間にも密接な関係があると考えられる（図7.17）．すなわち，晩秋（10月）には根にデンプン粒が観察されず，この時期に地上部を刈り取ると，翌春の再生が著しく抑制される[4]．しかし，冬期（12月）に収穫すると，10～12月の光合成でつくられ根に蓄積したデンプンが翌春の地上部の再生の資源として利用されて，再生が促される可能性が高く，根（おそ

7-2 根の構造とストレス耐性

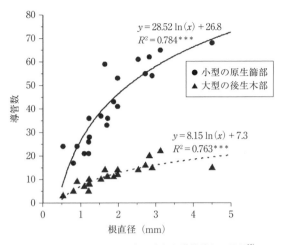

図7.15 エリアンサスの根の直径と導管数との関係[12]
＊＊＊：0.1％水準で有意.

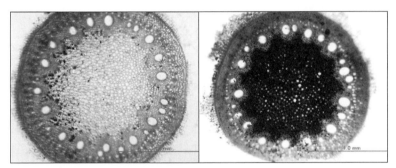

図7.16 エリアンサスの節根の中心柱におけるデンプン粒の蓄積
左：夏，右：冬．

図7.17 エリアンサスの刈取り時期と翌年の再生状況

らく，茎や葉鞘の基部を含む）が冬期中の重要な貯蔵器官として働いていると考えられる．

☀ 7-3　不良土壌条件での栽培試験

a. インドネシアの鉱山跡地

インドネシアでは，石炭や鉄鉱石を採掘した小規模な露天掘りの跡地が点在する．そうした跡地では，表土が剥がされて下層土がむき出しとなっていたり，掘り出した下層土が積み上げられたりしているため，植生の回復が難しいところも少なくない．エネルギー作物を最終的には非農地で栽培して食料との競合を回避することを検証するために，スマトラ島南端にあるランプン州において，養分の乏しい赤黄色土がむき出しとなった鉄鉱山跡地で，エリアンサスおよびネピアグラスの栽培を試みた（図7.18）．

現場は，ハッカ類などの雑草が点在するほかは，木も生えておらず，赤黄色土がむき出しの緩やかな傾斜地で，トウモロコシの栽培を試みたが半月ほどで枯死してしまった．リン酸やカリウムの濃度が低く，塩基置換容量が小さく，水分保持能力も低い上に，スコールによって粘土，シルト，細砂などが流されて，毎年5～10 cm ほどの表土が流亡し，地表には礫が多い．

このような場所でもエリアンサスおよびネピアグラスは生育し，3年目にはエリアンサスで約 16 t/ha，ネピアグラスで約 25 t/ha のバイオマス生産量が得られた[9, 10]．ただしネピアグラスについては，群落内の一部で生育の不良もみられたこ

図7.18　インドネシアの鉱山跡地で栽培したエリアンサスとネピアグラス

とから，何かしらの養分の不足が発生していた可能性はある．

また，土壌侵食による表土の流失は，これら2種のエネルギー作物の栽培によって抑制できた[9]．さらに，土壌の表層0〜30 cmの部分においては，3年間の栽培で，土壌中の炭素含有率が約3倍に増加した[9,10]．

このように，エリアンサスやネピアグラスを栽培することで，鉱山跡地のような荒廃地の土壌の改良にも役立つ可能性が示唆されている．十数年間，エネルギー作物を栽培した後に，植林したり，食料生産のための圃場として利用できる可能性がある．

b. 日本国内の採砂跡地

日本国内でも非農地における栽培試験として，千葉県富津市の採砂跡地でエリアンサスの栽培試験が実施された[10]．現場は標高160 mほどあった山が削られた跡の平坦地で，土壌は非常に硬く，窒素やリン酸に乏しく，カルシウムが多い．腐植が0.1%と乏しく，塩基置換容量が小さいこともあり，pHは7.6と高かった．

定植後の2年間は生育が抑制されたが，3年目からは旺盛に生育し，無施肥での栽培にもかかわらず10 t/ha近いバイオマス生産量となった．なお栽培管理は，初めに土壌を施肥・耕起し，園芸用のホーラーで空けた穴に苗を植えたこと，冬に刈取りを行ったことだけの，極めて粗放なものである．

c. まとめ

エネルギー作物であるエリアンサスとネピアグラスは，ストレス耐性が非常に高く，不良土壌条件でも旺盛な生育を示すことがわかっている．その背景には根系があると考えられ，フィールドにおける根系調査や根の組織構造の詳細な観察の結果，根量が多く，深根性であり，根域が非常に大きいことや，ストレス耐性に対応した組織構造をもつことが確認できた．

このような背景に支えられているため，エリアンサスとネピアグラスは不良土壌条件下でも栽培可能である．このことは，食料とエネルギーの競合を回避するために，エネルギー作物を最終的に非農地で栽培することを実現するのに役立つものと考えられる．

〔塩津文隆・阿部　淳〕

文　献

1) 阿部　淳他（2015）：第239回日本作物学会講演会要旨集，95．

2) Hattori, T. and Morita, S. (2010) : *Plant Prod. Sci.*, **13** : 221-234.
3) Kondo, M. *et al.* (2000) : *Plant Prod. Sci.*, **3** : 437-445.
4) 松波寿弥他（2014）：日草誌，**59**：253-260.
5) Matsuo, K. *et al.* (2002) : *JIRCAS Working Rep.*, (30) : 187-197.
6) McCully, M. E. (1999) : *Annu. Rev. Plant Physiol. Plant Mol. Biol.*, **50** : 695-718.
7) 森田茂紀他（2013）：根の研究，**22**：9-17.
8) Sekiya, N. *et al.* (2013) : *Am. J. Plant Sci.*, **4** : 16-22.
9) Sekiya, N. *et al.* (2014) : *Am. J. Plant Sci.*, **5** : 1711-1720.
10) 関谷信人他（2015）：根の研究，**24**：11-22.
11) Shiotsu, F. *et al.* (2011) : 7th International Symposium Structure and Function of Roots, 160-161.
12) Shiotsu, F. *et al.* (2015) : *Am. J. Plant Sci.*, **6** : 103-112.

第8章　エネルギー作物の栽培収穫後

☼ 8-1 作物栽培とエネルギー

作物栽培をエネルギーの観点から初めて研究したのは，Pimentel（1973）である[8]．彼は，アメリカのトウモロコシ栽培における投入エネルギー量を試算するとともに，生産量をエネルギー換算して，エネルギー効率を考察した．その結果によれば，投入エネルギーの増加に伴ってトウモロコシの収量も上昇したが，産出/投入エネルギー比は低下していた（表8.1）．

表8.1 アメリカのトウモロコシ栽培における産出・投入エネルギー（10^3 kcal/ha）

	1945年	1950年	1954年	1959年	1964年	1970年
労働力	31	24	23	19	15	12
機械	445	618	741	865	1038	1038
ガソリン	1340	1520	1700	1800	1880	1970
窒素	150	310	560	850	1200	2300
リン	26	38	45	60	68	116
カリウム	13	26	47	79	76	115
種子	81	100	125	149	168	168
灌漑	47	57	67	77	84	74
殺虫剤	0	3	8	19	27	27
除草剤	0	1	3	7	10	27
乾燥	25	74	148	247	296	296
電力	79	133	247	346	501	766
運搬	49	74	111	148	173	173
全投入量	2289	2978	3825	4666	5536	7132
産出量	6469	9465	10213	13451	16338	20176
投入産出比	3.7	3.2	2.7	2.9	3.1	2.8
太陽エネルギー利用率（％）	0.17	0.19	0.20	0.27	0.34	0.40

原データは文献[9]；文献[13]より作成．

この研究を参考にして，日本では宇田川（1976）が稲作のエネルギー収支について研究を行った[13]．Pimentel の研究結果と同様，投入エネルギーの増加に伴って水稲の収量は増えたが，やはり産出/投入エネルギー比は低下していた（表8.2）．

エネルギー作物を栽培して利用する背景には，地球温暖化問題および石油枯渇問題があるため，システム全体におけるエネルギー収支やエネルギー効率が，食用作物の場合以上に重要なポイントとなる．その点，エネルギー作物のエリアンサスは多年生作物であるため，一度，苗を定植すると10年ほどは播種や定植を行う必要がない．また，耕起・施肥・灌水・病害虫防除・除草（定植1年目は必要）を省略しても栽培できることが，すでに実証されている．

このように，セルロース系エネルギー作物は，栽培に伴う投入エネルギーが少なくてすむことが一般に認められており[7]，エネルギー収支やエネルギー効率の面で有利である（図8.1）．そのため，エリアンサスの栽培から利用までをエネルギー収支・エネルギー効率や二酸化炭素排出量の観点から検討する場合，収穫以後もポイントとなる．本章では，エリアンサスの刈取りからプラントに搬入するまでの工程，とくに収穫，乾燥，運搬について，システム全体の最適化を進める観点から考察する．

表8.2 日本の水稲栽培における産出・投入エネルギー （10^3 kcal/ha）

	1950年	1955年	1960年	1965年	1970年	1974年
労働力	1120	960	870	710	590	440
畜力	272	220	160	30	0	0
機械	1370	2380	3830	8100	13830	15950
肥料	2400	3750	6070	7380	9820	9820
農薬	60	440	840	1560	1940	1950
燃料	80	160	400	1100	1790	1870
電力	280	360	410	490	710	560
資材	–	230	580	400	620	2080
建物	1820	1800	1810	2160	2500	2920
灌漑	1550	1870	2850	3460	2400	2720
種子	190	160	140	150	160	160
その他	–	970	1340	2110	3220	8630
計	9150	13350	19430	27690	37080	47070
産出量	11600	19800	15900	15900	17300	17700
投入産出比	1.27	1.11	0.82	0.57	0.47	0.38
太陽エネルギー利用率（％）	0.27	0.34	0.37	0.37	0.40	0.41

文献[13] より作成．

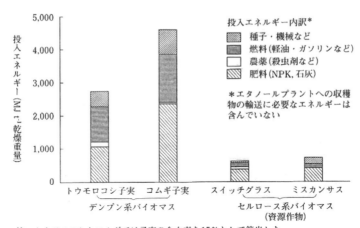

注：トウモロコシとコムギでは子実の含水率を15%として算出した。
図8.1　バイオマス1tを生産するためのエネルギー投入量[4]

8-2　収穫システムの最適化

a. 刈取り時期における課題

すでに指摘したように，多年生作物は毎年，播種や定植を行う必要がない点が有利である．ただし，収穫における刈取りの時期（回数）と高さが次年度の再生に影響を与える点については，飼料作物において多くの研究がある．しかし，エリアンサスの刈取り時期については，これまでほとんど検討されていない．国内で行った栽培試験では，年1回の刈取りを想定した場合，10月に刈り取ると次年度の再生が著しく悪いことが確認されている[7]（第7章参照）．その理由は明らかでないが，エリアンサスの生育特性が関係している可能性が高い．

エリアンサスを関東で栽培した場合，4月下旬から5月上旬に地上部が生育を始め，10～11月に出穂し，その後，地上部の立枯れが進んでいく．この生育過程で，秋から冬にかけて根の中心柱にデンプン粒が蓄積してくる（図7.16参照）．それが，翌年に地上部の再生が始まるとしだいに消失していくことから，このデンプン粒が再生開始のスターターとして利用されていると考えられる．

エリアンサスのバイオマス生産性が高いこと，無施肥でもバイオマス生産性が落ちないことについては今後も検討の必要がある．ただし，中心柱のデンプン粒の消長が示すように，地上部・地下部間での物質の転流・再転流が関わっている

可能性が高い．おそらく，茎や葉鞘の基部や根に蓄積される栄養物質が再生に影響を与えているのであろう．

したがって，栄養物質が十分に蓄積する秋から冬にかけての時期より前の10月に刈取りを行うと，翌年の再生が著しく悪影響を受けることになる．そのため現時点では，持続的多収栽培システムとするために，年が明けて地上部の立ち枯れが進んでから，地面から30 cm程度の高さで刈り取るのが望ましい．

なお，実際には収穫はバイオマス量を目安にして行うが，本来はそのバイオマスに含まれている糖の収量が問題となる．すなわち，生育時期によってバイオマスを構成する糖の種類や量が変化する可能性があるので，糖収量という観点も必要になる．

b. 収穫方法における課題

エリアンサスの収穫では，小面積であったり定植後年数が短い場合はチェーンソーや刈払機を使って人力で行うことができるが，まとまった面積での栽培を事業として進める場合には，機械収穫が想定される．その場合，サトウキビや飼料作物用の収穫機械を利用できる（図8.2）が，株が大きくなり，茎が太く固くなると機械が詰まることもあり，ニーズが高ければ専用の収穫機械の開発も考えられる．

コストや二酸化炭素排出量を考えると，機械を何台所有し，その機械が年間何日稼働するか，そのためのオペレーターは何人必要か，なども検討の必要がある．また，機械収穫する場合は，そのための栽植間隔を確保しなければならない．し

図8.2　エリアンサスの収穫にも利用できるケーンハーベスター

たがって，栽植密度を調節する場合は，機械の走行のために条間を確保した上で，株間距離を調節することになる．

なお，エリアンサスにおける分げつ形成の詳細は，必ずしも明らかになっていないが，分げつ芽として残った部分が翌年の再生に大きな影響を与えることは容易に想像できる．したがって，多年生の飼料作物の場合と同様，翌年の再生を担う分げつ芽を傷めないような高さで刈り取る必要がある．この点については，持続的栽培システムを構築していくときにポイントとなる．

8-3 乾燥システムの最適化

a. バイオマスの乾燥

エリアンサスを原料にしてバイオエタノールを製造する技術の開発は進んでおり，すでに実証実験も行われている．しかし，事業化を進めるためには，ペレット化して熱利用することも，現段階では現実的な選択肢となる．実際に筆者らも，福島県の浪江町で放射性物質で汚染された水田においてエリアンサスを栽培してペレット化し，施設園芸における暖房用の燃料として利用するシステムを提案している[12]．

エリアンサスを栽培・収穫し，バイオエタノールにするにせよ，ペレットにするにせよ，工場に搬入する段階で，原料の含水率を15%程度まで下げておくことが求められる．しかし，乾燥過程で多くのエネルギーを使うことは，コストや二

図8.3 エリアンサスの立枯れ（2月）の様子

酸化炭素排出量の削減の観点から避けなければならない．エリアンサスの乾燥システムの最適化について検討された例[5]をもとに，以下で詳しく説明する．

b. 刈取り時期と含水率

まず，生育時期によってエリアンサスの含水率がどう推移するか調査された．日本で栽培すると，熱帯や亜熱帯で栽培する場合とは異なり，冬には地上部が立枯れする（図8.3）．立枯れすれば含水率が低下する可能性があり，もし低下するなら，含水率の推移をみながら刈取り時期を決めればよい．そこで，12月から3月にかけて毎月1回刈取りをしたところ，はたして立枯れが進むと含水率が低下することが明らかとなった（図8.4）．

このように，作物の刈取りを遅らせて圃場に放置することで乾燥を進める方法は立毛乾燥と呼ばれ，飼料イネの栽培で利用されている．エリアンサスでは飼料イネとは異なり，立毛乾燥に伴う野生動物の食害を考える必要はない．したがって，エリアンサスの場合，立枯れが進んだ2月から3月に刈取りを行うことが望ましい．ただし，この時期になっても降雨があると含水率が上がるため，晴天が続いた時期を選ぶとよい．

c. 前処理と乾燥時間

エリアンサスでも立毛乾燥が有効であることがわかったが，含水率は15%程度まで下がらなかったため，強制乾燥して含水率が15%まで低下する様相が検討された．定植1年目と2年目の材料を異なる時期に刈り取って80℃に設定した乾燥機にかけ，含水率の推移を追跡し，そのデータを用いて含水率15%に達するまでの乾燥時間を測定した．その結果，定植2年目の材料では含水率が15%に低

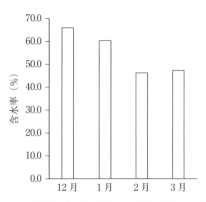

図8.4 エリアンサス（定植2年目）を異なる時期に刈り取った直後の含水率[5]

8-3 乾燥システムの最適化

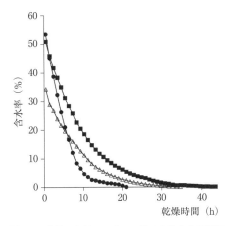

図 8.5 定植1年目のエリアンサスを異なる時期に収穫して乾燥させた場合の含水率の推移[4]
■ 1月，△ 2月，● 3月．

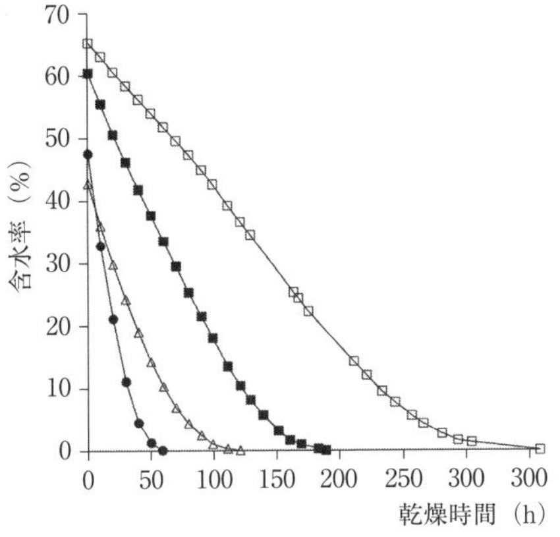

図 8.6 定植2年目のエリアンサスを異なる時期に収穫して乾燥させた場合の含水率の推移[5]
□ 12月，■ 1月，△ 2月，● 3月．

図 8.7 バイオマス乾燥の前処理
左上：30 cm区，右上：チョッパー区，左下：風乾区，右下：損傷区．

下するまでの時間が，定植1年目の材料に比較して著しく長かった（図 8.5, 8.6）．

ついで，乾燥のために必要なエネルギーと二酸化炭素排出量を削減するために，いくつかの前処理の検討が行われた．すなわち，①30 cmに切断する（30 cm区），②チョッパーという機械で2～3 cm（12月のみ15 cm）に破砕する（チョッパー区），③30 cmに切断してから6日間，雨風の当たらない場所で風乾する（風乾区），④材料を手で折り曲げ，足で数回踏みつけて材料の表面に傷をつける（損

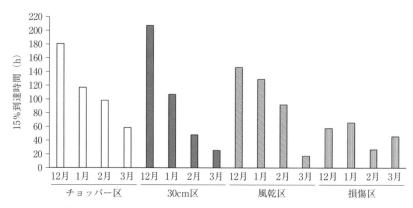

図 8.8 定植 2 年目のエリアンサスを異なる時期に刈り取り，乾燥させた場合の前処理別の含水率 15% 到達時間[5]

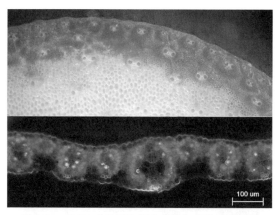

図 8.9 エリアンサスの茎（上）と葉身（下）の横断面

傷区）という 4 種類の前処理が行われた（図 8.7）．その結果，30 cm 区，チョッパー区，風乾区はいずれも，12 月から 3 月にかけて，すなわち，刈取り時の含水率の低下に伴って乾燥時間も短くなった．これに対して，損傷区では，刈取り時の含水率には関係なく，いずれの場合も乾燥時間が短かった（図 8.8）．

損傷区における前処理は，飼料作物をモアコンディショナで刈り取るときに，同時に圧砕を行うことで乾燥を促進させるのと基本的に同じと考えられる．切断する長さを短くしても乾燥効果があまりないこと，植物体表面に傷がつくと乾燥が進むことから，切断面までの物理的距離ではなく，茎や葉における表層構造（図 8.9）が乾燥に大きく影響していると考えられる．

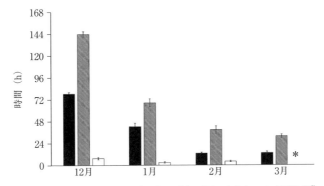

図 8.10 エリアンサス（2・3年目）の前処理別の含水率 15%到達時間[6]
■：30 cm 区（2年目），▨：30 cm 区（3年目），
□：損傷風乾区（3年目），バーは標準誤差（$n=3$）.
＊は強制乾燥前に含水率 15%以下になった．

なお，この検討過程で風乾の効果についても示唆が得られている．定植3年目の材料を12月から3月にかけて毎月，1回刈取り，切断せずに材料表面を物理的に損傷させた後，約1か月間，雨が当たらない場所に静置して風乾する処理区を設けた．そこで3月に刈り取って損傷風乾処理したところ，強制乾燥を行わなくても含水率を15%以下まで下げることができた（図8.10）．

☀ 8-4 運搬システムの最適化

以上のようにしてエリアンサスを栽培し，収穫して，多くの場合は乾燥させた後，バイオエタノール化するにせよ，ペレット化するにせよ，エネルギー変換するために工場に搬入することになる．通常の食用作物学では考慮しないが，エネルギー作物学では，工場に搬入するまでのエネルギー収支を黒字にして，二酸化炭素排出量を最少化する必要がある．

ペレット化する場合は，既存のペレット工場を利用することが想定されるが，バイオエタノールを製造する場合は工場をどこに設置するかの検討も必要で，原料とするエネルギー作物の栽培場所との関係も考慮しなければならない．すなわち，工場の位置とエネルギー作物の栽培場所を仮におけば，何トントラックを何台準備して，どの道を，どういう順序で走らせて原料バイオマスの収集搬入を行っていくのが最適か，またどうすればエネルギー効率が最大化し，二酸化炭素排出量を最少化できるかをシミュレーションできる．

実際に筆者が関わった NEDO 事業（第 4 章参照）では，インドネシアのスマトラ島の南端に位置するランプン州でエネルギー作物のネピアグラスを栽培してバイオエタノールを製造し，日本へ輸送する場合を想定して，上記のようなシミュレーションを行った．その結果によれば，エネルギー作物の栽培場所から直接，工場に持ち込むより，いったん，中間集積所に集めることでエネルギー総量を削減できることが明らかになった．

実際の事業化に向けては，このような運搬を含めた検討が必要になる．ちなみに，上記の NEDO 事業では，工場から港に運んだ後，船で日本へ海上輸送するところまで視野に入れて検討を行っている．

8-5 利用システムの最適化

エネルギー作物を栽培して，熱利用するシステムを構築する場合，単にエネルギー作物を栽培し，バイオエタノールやペレットに変換し，利用していけばよいというわけではない．すなわち導入するシステムの事業性評価が重要な課題となる．

エネルギー作物の利用システムとしては，バイオエタノール製造だけでなく，ペレット化して熱利用することも想定されている．実際に筆者らは，エネルギー作物を利用した新しい農業システムをデザインし，東日本大震災の復興支援に役立てるための研究を進めている[11]．

2018 年現在，福島県浪江町では立ち入り制限や作付制限が続いている地域があり，制限が解除された場所で作物を栽培するとしても，風評被害による価格低下などの影響が考えられ，従来からの食用作物の栽培を中心とした農業復興は難しい．そこで，被災した農地（主に水田）においてエネルギー作物であるエリアンサスを栽培し，ペレット化して花卉（トルコギキョウを想定している）の施設栽培の暖房に熱利用するシステム（以下，提案システム）のデザインを進めている（図 8.11）．そして，このシステムの事業性価値を評価し，復興案として現実に役立つものかが検証された．

事業価値を算出するにあたり，浪江町地域農業再生協議会の農業再生計画[7]を参考にして，景観作物の栽培による農地保全と A 重油を利用したトルコギキョウの栽培とを組み合わせたシステム（以下，基準システム）を作成し，提案システムをこれと比較しながら事業性評価が行われた．

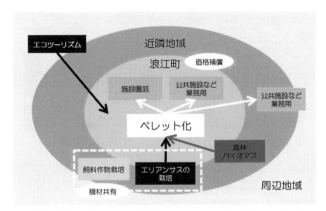

図 8.11 福島県浪江町におけるエネルギー作物のエリアンサスを用いた栽培利用システム

またシミュレーションにあたっては，標準的な大きさ（1棟 300 m^2）のハウス10棟でトルコギキョウを栽培し，最も価格が高くなる冬季に出荷することが想定されている．この栽培に必要なA重油量（1棟当たり 15 kL/年）を熱量に換算して（6600 GJ），必要となるペレット量を算出し（360 t），ペレット加工時の歩留を90％とすることで，エリアンサスの栽培面積 12 ha（= 400 t ÷ 33.1 t/ha）が算出された．

事業価値は，①経済的価値，②社会的価値，③環境価値の3つからなるが，その3つの価値はそれぞれ定量的に評価が可能である項目と，定性的にしか評価ができない項目に分けられる．3つの価値について，定量的評価が可能な項目のうち金額として提示できる部分を試算し，合計した金額を利用してシステム評価が行われた．それぞれの試算方法は以下のとおりである．

①経済的価値：利益額（=（売り上げ－運転費）×事業継続年数－設備投資費）＋復田費用削減額（＝乾田復元コスト×栽培面積）

②社会的価値：地域所得創出額（＝人件費＋経済波及効果の所得増加額）×事業継続年数

③環境価値：二酸化炭素排出削減価値額(＝(想定システム二酸化炭素排出量－提案システム二酸化炭素排出量)×二酸化炭素排出削減価値額)×事業継続年数

このような計算に基づいて，システムの事業性評価を行った結果，基準システムと提案システムのいずれも，単年度の事業価値は同レベルでプラスになった（図8.12）．ただし，基準システムでは初年度から事業価値がプラスであるが，提案システムは6年目以降でないとプラスとならなかった（図8.13）．

94   第8章 エネルギー作物の栽培収穫後

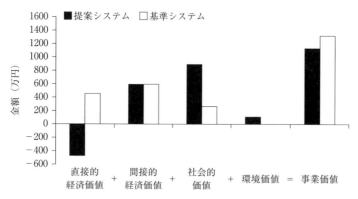

図 8.12　システムの単年度別の事業価値の内訳

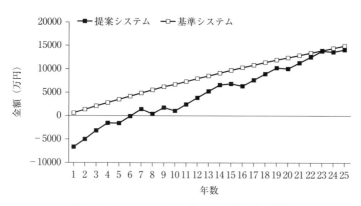

図 8.13　システムの実行年数ごとの事業価値の推移

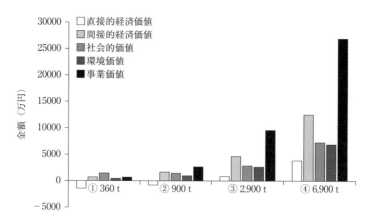

図 8.14　システムの規模別の事業価値の比較

これは，提案システムでは社会的価値と環境価値はいずれも高いが，経済的価値が大きくマイナスになるためである．経済的価値がマイナスになる理由としては，提案システムにおける設備費用が高いことがあげられる．そこで，規模を拡大することで事業性の改善を図ったところ，実効性が向上するという結果が得られた（図8.14）．

☀ 8-6　耕作放棄地の分類と対策

a.　耕作放棄地対策の必要性

筆者らは，東日本大震災復興支援のためにエネルギー作物を栽培して熱利用するシステムを浪江町に提案している．このシステムは事業価値が認められたので，被災農地だけでなく，耕作放棄地にも応用できる可能性が高いといえる．そこで，本章の最後に，日本の耕作放棄地におけるエネルギー作物の栽培と利用を検討していく参考として，耕作放棄地の分類に基づく試算をしておきたい．

日本で耕作放棄地が増加していることは広く知られており，2015年農林業センサスによると，全国の耕作放棄地面積は合計42.3万haである．農業者の高齢化に伴い，主に労働力の不足や担い手の不足が背景としてあり，政府による対策は行われているが，耕作放棄地は増加を続けている．

耕作放棄された農地は時間とともに耕作を再開することが急激に難しくなるため，容易に農地に復帰できる形で保全する必要がある[1,2]．すなわち，食料生産の基盤を保持するために耕作放棄地を保全する必要があり，それは速やかに行わなければならない．

その際，一口に耕作放棄地といっても，様々な状況のものがあることが予想される．したがって，それぞれを最適な方法で保全するためには，どのような条件の耕作放棄地が，どれくらい存在するかを把握しておくことが望ましい．しかし，実はこのことが明確になっていない．そこで，農林水産省の公表データを用いて考察してみよう．

b.　耕作放棄された農地の定義

耕作放棄された農地を指す用語として，これまでに次の3つが使われてきた．まず，農林業センサスにおいて「耕作放棄地」が定義されている．そのほかに，農業委員会の現地調査に基づく「荒廃農地」と「遊休農地」がある（図8.15）．

耕作放棄地は，「以前耕作していた土地で，過去1年以上作物を作付けせず，こ

の数年の間に再び作付けする考えのない土地」と定義されており，農家の自己申告によって数字が出る．全国農業会議所の調査によれば，耕作放棄地の発生要因として最も大きいのは，高齢化・労働力不足である．

荒廃農地とは，「現に耕作に供されておらず，耕作の放棄により荒廃し，通常の農作業では作物の栽培が客観的に不可能となっている農地」と定義され，さらに2つに分類される．すなわち，「抜根，整地，区画整理，客土等により再生することにより，通常の農作業による耕作が可能となると見込まれるもの」を「再生利用が可能な荒廃農地」とし，「森林の様相を呈しているなど農地に復元するための物理的な条件整備が著しく困難なもの，又は周囲の状況からみて，その土地を農地として復元しても継続して利用することができないと見込まれるもの」を「再生利用が困難と見込まれる荒廃農地」として分けている．

遊休農地は，1号遊休農地と2号遊休農地とに分類される．1号遊休農地は，「現に耕作の目的に供されておらず，かつ，引き続き耕作の目的に供されないと見込まれる農地」，2号遊休農地は，「その農業上の利用の程度がその周辺の地域における農地の利用の程度に比し著しく劣っていると認められる農地」と定義されている．

ここで，再生利用が可能な荒廃農地と，1号遊休農地は同一のものとされている．なお，耕作放棄地は農家の自己申告によるので主観ベース，また荒廃農地と遊休農地は農業委員会による現地調査に基づくので客観ベースと呼ばれている．

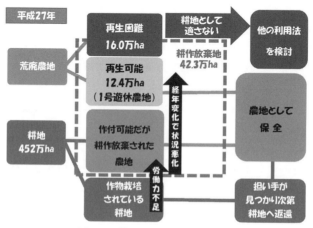

図 8.15　耕地および荒廃農地の分類

c. 耕作放棄地の発生と保全

農林業センサスによると，耕作放棄地面積は2010年の約39.6万haが2015年には約42.3万に増加した．すなわち，この間に新たに耕作放棄をされた農地があることがわかる．一方，荒廃農地の推移をみると，「再生利用が可能な荒廃農地」は14.8万haから12.4万haに減少，「再生利用が困難と見込まれる荒廃農地」は14.4万haから16.0万haに増加し，荒廃農地面積は約28.4万haとなった（図8.16）．

以上のことから，耕作放棄地のうち，荒廃農地に含まれない部分は，耕作放棄されたが，荒廃農地と比べて比較的荒廃が軽微なものと考えられる．すなわち，この部分は「作付け可能だが耕作放棄された農地」にあたる．したがって，労働力不足によって農地が耕作放棄されたものが「作付け可能だが耕作放棄された農地」であり，これが時間経過とともに「再生利用が可能な荒廃農地」となり，その後，「再生利用が困難と見込まれる荒廃農地」となると考えられる（図8.15, 8.16）．

「再生利用が可能な荒廃農地」や「作付け可能だが耕作放棄された農地」については農地保全を行い，「再生利用が困難と見込まれる荒廃農地」の増加を抑えながら，食用作物を栽培したいと考える担い手が見つかりしだい，利用してもらうべきである．その際，耕作放棄地の発生要因として高齢化・労働力不足が大きいため，低投入で栽培可能な作物を選択することが望ましい．

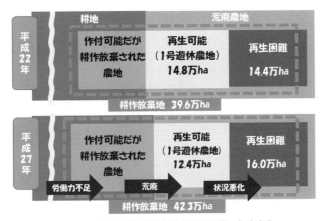

図8.16　耕作放棄地面積と荒廃農地面積の年次変化

d. 耕作放棄地を活用したエネルギー作物の栽培

耕作放棄地問題を以上のように整理すると「再生利用が困難と見込まれる荒廃農地」の増加を抑えていかければならないことになる．そこで，投入エネルギーが少なくてすむセルロース系エネルギー作物を，「再生利用が可能な荒廃農地」と「作付け可能だが耕作放棄された農地」で栽培して農地を保全しながら，地域に導入するシステムを想定し，生産できるエネルギー量が試算された．

対象とする農地，すなわち「再生利用が可能な荒廃農地」と「作付け可能だが耕作放棄された農地」は，平成27年度で12.4万～26.3万ha（再生利用が可能な荒廃農地12.4万ha～（耕作放棄地42.3万ha－再生利用が困難と見込まれる荒廃農地16.0万ha））存在する．ここを利用してエリアンサスを栽培すると，410万～870万t（≒33.1t/ha×(12.4万～26.3万ha)）のバイオマスが得られる．ペレット化する場合の歩留を90％とすると，370万～780万t（(≒410万～870万t)×0.9）となる．バイオエタノール生産効率を25％とすると[10]，100万～220万kL（≒0.25kL/t×(410万～870万t)）のバイオエタノールが得られることになる．

これはあくまでも机上の計算であるが，現状の日本のエネルギー自給率は原子力を除くと，わずか6％にすぎない[11]．エネルギー作物を栽培利用してもエネルギー自給率が顕著に上がるわけではないが，耕作放棄地対策や地域農業振興に組み入れてエネルギーの地産地消に役立てていくことを考えるべきであろう．

〔金井一成・高田圭祐・桐山大輝・森田茂紀〕

文　献

1) 有田博之他（2000）：農業土木学会論文集，**68**(5)：707-715.
2) 有田博之他（2003）：農業土木学会論文集，**71**(3)：381-388.
3) 独立行政法人新エネルギー・産業技術総合開発機構（2014）：バイオマスエネルギー技術研究開発／セルロース系エタノール革新的生産システム開発事業，独立行政法人新エネルギー・産業技術総合開発機構研究評価委員会.
4) 服部太一朗・森田茂紀（2008）：食料白書2008年版，食料とエネルギー 地域からの自給戦略，エタノールによる資源利用の競合と今後の方向（食料白書編集委員会編），pp.94-109，農文協.
5) 金井一成他（2017）：東京農業大学農学集報，**62**(1)：13-20.
6) 金井一成他（2018）：日本作物学会紀事，**87**(1)：86-87.
7) 森田茂紀他（2013）：日本エネルギー学会誌，**92**(7)：562-570.
8) 浪江町：浪江町農業再生プログラム—平成29年3月の帰還開始に向けて．http://www.town.namie.fukushima.jp/soshiki/29/8949.html（2018年5月15日確認）

9) Pimentel, D. *et al.*（1973）：*Science,* **182**：443-449.
10) 佐賀清崇他（2007）：*J. Jpn. Soc. Energy Res.,* **29**：30-35.
11) 資源エネルギー庁（2017）：エネルギー白書 2017，pp.138-140.
12) 高田圭祐他（2017）：日本作物学会第 243 回講演会要旨集，81.
13) 宇田川武俊（1976）：環境情報科学，**5**(2)：73-79.

第9章　バイオマスエネルギーの変換

☀ 9-1　バイオマスエネルギーの変換と利用

a.　バイオマスエネルギーの変換技術

　バイオマス資源をエネルギーに変換して利用する場合，どのような燃料形態で利用するかによって必要となる変換技術が異なる．たとえば，ペレットストーブでは，バイオマスをペレットという錠剤のような固形燃料の形で利用するため，木質系バイオマスをペレット化する過程において粉砕し，圧縮成型するという物理的変換技術が必要となる．

　燃料の形態は，固体，気体，液体のいずれかに分類される．また，それぞれの形態の燃料を製造するために用いるエネルギー変換技術は，物理的変換，熱化学的変換および生物化学的変換に大別される[8]．

（1）　物理的変換技術

　物理的変換は，基本的に固形燃料を製造するための技術であり，古典的なものとして，薪をつくったりチップ化したりすることが含まれる．そのほか，ペレットやブリケットを製造するための粉砕・圧縮成型技術，RDF（refuse derived fuel；生ごみなどを含む廃棄物から製造する廃棄物燃料）やRPF（refuse paper and plastic fuel；古紙・廃プラスチックに由来する燃料），下水汚泥由来のバイオソリッドなどを製造するための様々な技術がある．

（2）　熱化学的変換技術

　熱化学的変換は，気体，液体，固体の燃料を製造するために利用される．気体燃料の製造では熱分解ガス化や水熱ガス化の技術が，また液体燃料製造では，バイオディーゼル製造のためのエステル交換技術や，藻類由来のバイオ燃料製造技術などがあげられる．固体燃料製造技術としては，木質系バイオマスや農業残渣，下水汚泥等の炭化・半炭化（低温炭化）技術が開発されている．

(3) 生物化学的変換技術

生物化学的変換では，主に気体燃料と液体燃料が製造される．家畜排せつ物や下水汚泥，食品残渣などを対象とするメタン発酵技術は，気体燃料製造の代表例である．液体燃料製造の代表例としては，サトウキビやトウモロコシからのバイオエタノール製造技術がある．

b. バイオマスエネルギーの利用

(1) 熱・発電利用

エネルギーの用途についてみると，基本的には熱利用，発電および輸送用燃料に大別される．ただし，近年では熱電併給（コジェネレーション）システムの開発利用が急速に進み，熱利用と発電利用が同時に行われる場合が多い．

世界全体のエネルギー消費のうち，バイオマス資源に由来する割合は約14％であり，そのうちの90％（全体の12.6％）が熱利用され，輸送用は約6％（同0.8％），発電用は約3％（同0.4％）である[4]．このように熱利用の割合が圧倒的に大きいのは，北欧の国々や発展途上国も含め，伝統的に暖房用燃料としての利用が多いからである．

国内の状況をみると，2015年度のバイオエネルギー供給量は高位発熱量(HHV)で約390 PJ，原油換算すると約1000万 kL 相当であった[7]．ここでは，廃材や黒液（製紙工場で生じる黒色の液体で，リグニン等を含むため燃料として利用できる副産物）の直接利用を含むが，RPF や RDF 等の廃棄物燃料製品はバイオマス比率が不明のため除外してある．コジェネレーションの普及により発電と熱利用の区別が困難な場合もあるが，上記の約390 PJ のうち，発電に関する供給が約290 PJ，熱利用への供給が約100 PJ である．

(2) 輸送用利用

バイオマス資源に由来するバイオエタノールとバイオディーゼルは，2013年度にそれぞれ1.7万 kL および1.0万 kL が国内生産されており，これにバイオエタノールの輸入分約45万 kL を加えた合計47～48万 kL が輸送用燃料として国内で利用されている[3]．また，2014年度のバイオエタノール導入実績（見込）は約51万 kL（うち国産は2％）で，熱量換算すると約12 PJ に相当する[6]．

2009年7月に成立したエネルギー供給構造高度化法では，2013年度におけるバイオエタノール利用目標が原油換算で26万 kL，熱量換算すると約10 PJ とされており，輸入に依存している割合が顕著に高いものの，目標は達成されている．しかし，発電および熱利用に供されるバイオエネルギーに比較して，輸送用燃料

として用いられるエネルギーは非常に少ない．また，2014年度に国内3地区で実施されていたバイオ燃料生産拠点確立事業が支援打ち切りとなり，それ以降の国内生産はさらに減少している．

(3) 今後の展望

バイオマス資源が熱・発電利用される割合が高いのは，とくにパルプ・製紙業において，黒液などの廃棄物系バイオマス資源を有効活用するシステムが構築されているからである．このような廃棄物系バイオマス資源の利用率は，すでに高い水準にある[8]．

一方で，稲わらや林地残材など未利用系バイオマス資源は利用率が低いが，賦存量が多く，将来的なエネルギー生産ポテンシャルは530 PJに達する[2]．また，耕作放棄地対策という観点も含め，エネルギー作物についても一定のエネルギー生産ポテンシャルが期待されている．

国内におけるバイオエタノール生産には経済性や原料調達の点で課題が多いが，運輸部門において温室効果ガス削減手段としてバイオ燃料を導入することは，引き続き重要課題とされている[6]．バイオ燃料の調達構造が脆弱な国内状況をふまえ，今後は中長期的な視点から，国内の事業者による第2世代バイオ燃料（次節および4-1c項参照）の研究開発を推進し，国内生産および開発輸入を拡大することが期待されている．とりわけ，セルロース系バイオマスを原料として製造される次世代バイオ燃料の低コスト化に関する技術開発は重要視されている．

そこで以下では，セルロース系バイオマスを含む各種の原料バイオマスからバイオエタノールを製造する工程と技術開発状況について概説する．

☀ 9-2　バイオエタノールの原料と製造工程

a. バイオエタノールの原料

世界のバイオエタノールの約85％は，アメリカとブラジルで生産されている．アメリカではトウモロコシを，ブラジルではサトウキビを，それぞれ主な原料作物とし，トウモロコシでは子実を，サトウキビでは搾汁あるいは製糖後の糖蜜をエタノール製造に利用している．このほか，コムギやイネ，テンサイなども利用される．こうした，食料にもなるバイオマスを原料として製造されるエタノールを第1世代バイオエタノールと呼ぶ．

これに対し，トウモロコシの茎葉部，サトウキビの搾りかすであるバガス，イ

ネやコムギのわらなどの農業残渣，スイッチグラスやススキ，エリアンサスなどの草本系バイオマス，あるいは間伐材などの木質系バイオマスのように，非食用バイオマスから製造されるエタノールを第2世代エタノールと呼ぶ．

第1世代，第2世代のいずれのバイオエタノールも，基本的にはバイオマス中に含まれる炭水化物を原料とするが，炭水化物の種類によって製造工程が異なってくる．そのため，原料バイオマスは，糖質系バイオマス（サトウキビ搾汁やテンサイ糖液など），デンプン系バイオマス（トウモロコシやイネなどの子実），およびセルロース系バイオマス（農業残渣，草本系バイオマス，木質系バイオマスなど）に分類される．

b. バイオエタノールの製造工程

バイオエタノール製造の最も基本的な流れは，糖質系バイオマスからの製造工程である．まず，原料バイオマスを粉砕あるいは細断し，圧搾あるいは温水抽出して得た糖液を，酵母を利用してエタノール発酵させる．次に，発酵後に得られた含水エタノールを蒸留して濃縮する．蒸留では共沸現象のために濃縮程度に限界があるため（f項参照），概ね90〜95％程度の濃度に達したら，脱水操作を行う．以上の工程により，燃料として利用可能な濃度99.5％以上の無水エタノールが得られる（図9.1）．

デンプン系バイオマスの場合は，発酵工程の前に，デンプンを糖に変換する糖化工程が必要となる．デンプンの糖化は多糖類を分解するアミラーゼ等の酵素を用いる酵素糖化が一般的である．この糖化工程が加わるため，デンプン系バイオマスからのバイオエタノール製造は，糖質系バイオマスを用いる場合に比べて，

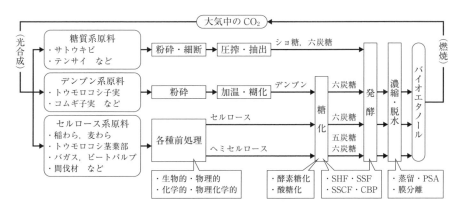

図9.1 原料別のバイオエタノール製造プロセス

コストおよびエネルギーの投入が増加する．

　糖質系やデンプン系のバイオマスからのエタノール製造では，グルコースやフルクトースなどの六炭糖もしくはその重合体が発酵対象となる．これに対し，セルロース系バイオマスは，セルロース，ヘミセルロースおよびリグニンから構成されるリグノセルロースが主体であり，セルロース由来の六炭糖に加えて，ヘミセルロース由来の五炭糖（キシロースなど）も発酵対象となる．そのため，セルロースに加えてヘミセルロースの糖化が，エタノール生産性の向上において重要である．さらに，難分解性のリグノセルロースを糖化しやすくするため，加水分解などの，より複雑な前処理工程が必要となる．したがって，デンプン系バイオマスよりもさらに多くのエネルギーとコストが必要となる．

c. 前　処　理

（1）前処理のポイント

　前処理工程は，後に続く糖化工程における効率を高める重要なステップである．糖化効率を上げるには，糖化の対象となるセルロースやヘミセルロースに糖化酵素が接触しやすく，酵素が効果的に働くようにする必要がある．

　たとえば，セルロースは結晶性セルロースと非晶性セルロースに大別され，結晶性セルロースは酵素が結合しにくい構造をもっている．したがって，結晶性セルロースを粉砕することで糖化酵素が接触できる表面積を増やすだけでなく，セルロースの結晶構造を効率的に変える処理を行うことが重要である．また，直後の糖化工程だけでなく発酵工程まで見据えて，糖化や発酵を阻害する物質ができるだけ発生しない処理方法を選択することが望ましい．

　原料バイオマスの種類によって，その物理化学的性質も異なるため，これまでに開発された前処理技術には様々なものがあるが，それらは，生物的前処理，物理的前処理，化学的前処理および物理化学的前処理に区分される[1]．

（2）生物的前処理

　生物的前処理では，木材を腐朽させる白色腐朽菌や褐色腐朽菌，軟腐朽菌を利用する方法が代表的である．セルロースよりもリグニンとヘミセルロースを優先して分解する菌種を選択すると効率が上がる．エネルギーやコストの投入は少なくてすむが，処理速度は緩慢である．

（3）物理的前処理

　物理的前処理の代表例は，粉砕である．ハンマーミルやボールミルという機械を用いて原料バイオマスを砕いて，表面積を増やす．ミルやグラインダーの種類

によって最終的な粒子サイズが異なり，それによって必要なエネルギーも変わるが，ほかの前処理に比べて多くのエネルギーを消費する場合が多い．サトウキビやトウモロコシ子実を原料とする場合も，圧搾や糊化の前処理として粉砕を行う．

(4) 化学的前処理

化学的前処理については多様な手法が開発されている．ここでは，アルカリ処理，酸処理，オゾン処理，有機溶媒処理，イオン液体処理を取り上げる．

アルカリ処理では，NaOH や KOH，石灰などで主にリグニンを溶解，除去して，セルロースおよびヘミセルロースの糖化効率を高める．セルロース繊維に膨潤作用があるので表面積が増大し，糖化効率の向上にも役立つ．低温でも処理できるが，反応速度は低下する．木質バイオマスより農業残渣の処理に向いている．

酸処理では，通常，濃硫酸あるいは希硫酸を用いる．反応速度が速いが，とくに濃硫酸で処理すると設備が腐食するため維持管理の必要が生じる．また，環境影響も考慮する必要があるため，影響が比較的小さい希硫酸処理が選択される場合が多い．酸処理はヘミセルロースの溶解に効果があるとともに，溶解した後に生じるキシランの糖化も進行するため，後に続く糖化工程を兼ねる場合もある．一方で，処理時の温度にもよるが，糖の過分解によってフルフラールやバニリンが生成したり，リグニン由来の芳香族化合物が生成されたりして，発酵工程における酵母の活性を阻害することが課題となっている．このほか，フマル酸やマレイン酸を用いる方法も開発が進んでいる．

オゾン処理はその強力な酸化力が注目されており，リグニン除去効果が認められている．室温，低圧条件でも処理が可能であり，発酵を阻害する物質の生成も少ないが，大量のオゾンを用いるためコスト高になることや，糖分ロスが生じることが課題である．

有機溶媒処理では，メタノールやエチレングリコールなどの様々な有機溶媒およびその混合物を用いる方法が研究されている．リグニンを除去することが主な目的であるが，同時にヘミセルロースも分解する場合は，有機溶媒に酸触媒として塩酸や硫酸を加える方法や，事前に酸処理を行った後に有機溶媒で処理する方法などがある．なお，蒸留・濃縮の工程で有機溶媒を回収すればコスト削減になると同時に，糖化・発酵工程で有機溶媒により効率が低下することを回避できる．

イオン液体処理は，常温で液体となる融点の低い塩を用いてセルロースとリグニンを溶解する方法で，リン酸系や酢酸系のイオン液体を利用する研究が進んでいる．高分子量のセルロースを溶解できる特徴があり，回収したセルロースは非

晶化するため，糖化効率が上昇する．また，リグニンも溶解，回収することが可能であり，バイオリファイナリー（バイオマスから燃料や化学製品を作り出す技術）の点からも注目されている．揮発性が小さく，有毒または可燃性のガスを産生しないため安全面でも優れる．発酵工程で用いる酵母への毒性が低いイオン液体の開発や，イオン液体の高効率回収技術によるコスト削減などが重要である．

(5) 物理化学的前処理

物理化学的前処理も同様に種々の手法が開発されているが，ここでは，水蒸気爆砕処理，水熱処理，アンモニア繊維爆砕処理（ammonia fiver explosion, AFEX）について概説する．なお，それ以外にも，二酸化炭素爆砕処理（CO_2 explosion），湿式酸化，超音波処理，流動キャビテーション処理などの技術開発が進んでいる．

水蒸気爆砕処理は，バイオマスを高温高圧の蒸気に一定時間曝した後，瞬間的に減圧して組織中の水蒸気の体積を膨張させ，組織構造を破壊する手法である．ヘミセルロース中のアセチル基部分が酢酸として遊離し，それ自身がヘミセルロースの加水分解触媒として機能することから物理化学的前処理に分類される．また，ヘミセルロースの加水分解に伴ってリグニンの分離，除去も一定程度進行するが，条件によってはリグニンの自己縮合などで不溶化する場合もある．さらに，ヘミセルロース中のアセチル基の割合が少ない針葉樹を原料バイオマスとする場合には，希硫酸を酸触媒として添加して効率を高める手法も開発されている．水蒸気爆砕処理は必要エネルギー量が大きいことと，フラン誘導体や酢酸，あるいはリグニン由来の芳香族化合物（フェノール類）などの発酵阻害物質が生成されることなどが課題である．

水熱処理では，水蒸気爆砕よりも高圧にすることで，高温で液体状に維持された熱水をバイオマスに浸透させ，その後に瞬間的に減圧する．熱によってリグノセルロースが構造変化するとともに，減圧時の爆砕効果で組織が破壊される．主にヘミセルロースを溶解，分離するのに効果的で，リグニンも部分的に低分子化して除去される．pHを中性から酸性の範囲に適切に維持できれば，発酵を阻害する物質の発生も抑制される．コスト面で優れるが，大量の水が必要であることと，条件によっては必要なエネルギー量が大きくなることに留意する必要がある．

AFEX処理では，液体アンモニアにバイオマスを浸漬し，高圧下で加熱し，瞬間的に減圧してアンモニアガスの膨張により組織構造を破壊する．水蒸気爆砕法では固相と液相からなるスラリーが生じるため分離することが必要であるが，

AFEX処理では液相が発生しない．とくにセルロースの結晶構造を減少させる作用があり，草本系バイオマスや農業残渣の処理に優れており，発酵阻害物質の生成も少ない．リグニンと炭水化物の結合を破壊する効果も認められるが，木質系バイオマスやリグニン含有率の高いバイオマスでは処理効果が小さい．アンモニアの回収技術の開発が，コスト低減のために重要な課題である．

d．糖 化

(1) 酸糖化法と酵素糖化法

糖化とは，セルロースやヘミセルロースを，その構成成分である六炭糖あるいは五炭糖に分解し，エタノール発酵の基質として機能する状態に変化させるプロセスである．前処理のうちで濃硫酸や希硫酸を用いる方法は，条件を整えればセルロースやヘミセルロースの糖化まで行うことが可能で，酸糖化法と呼ばれる．ただし，酸処理を行う場合は，発酵阻害物質の発生や設備の腐食，環境影響などが課題となる．これに対して，酵素糖化法は高コストであるが，比較的温和な条件で糖化反応が進行するため発酵阻害物質の生成が少なく，環境影響の点でも利点がある．そのため，酵素糖化法が主な研究対象となっており，今後の技術開発によって低コスト化が期待されている．

(2) デンプン系バイオマスの酵素糖化

アメリカにおける大規模なエタノール製造では，デンプンの糖化発酵技術が確立され，広く利用されている．トウモロコシを原料とするバイオエタノールの製造方法は，大きくドライミル法とウェットミル法に分類される．現在の主流であるドライミル法では，粉砕したトウモロコシ子実を高温高圧条件で糊化させた後，α-アミラーゼ，ついでグルコアミラーゼを用いてデンプンを糖化する．

ウェットミル法（コーンスターチの製造にも利用）では，まずトウモロコシ子実を，加温した低濃度の亜硫酸水に浸漬し，磨砕や遠心分離を行いながら，段階的に胚芽や外皮，タンパク質，デンプンなどを分離する．得られたデンプン溶液の糖化工程は，ドライミルと同様の方法で行われる．

なお，第1世代バイオエタノールの製造に関しては食料とエネルギーとの競合が批判されており，アメリカにおけるバイオエタノール製造は，トウモロコシから廃棄物系バイオマス（ポテトチップスや小麦粉，キャッサバデンプンなどの製造過程で生じる副産物）にシフトしつつある．同時に，セルロース系バイオマスであるトウモロコシ茎葉部やトウモロコシの芯の部分（corn cob）の利用が今後の中心になると予想される．

(3) セルロース系バイオマスの酵素糖化

セルロース系バイオマスの酵素糖化では，主に六炭糖からなるセルロースはセルラーゼ酵素群（セロビオハイドラーゼ，エンドグルカナーゼ等）を，主に五炭糖からなるヘミセルロースはヘミセルラーゼ酵素群（キシラナーゼ，a-アラビノフラノシダーゼ等）を用いて糖化を行う．

セルロース系バイオマスを対象とする酵素糖化技術については活発な研究開発が推進されている[5]．しかし，原料バイオマスが多岐にわたり，その組成も多様であるため，広域的に汎用可能な技術より，地域で利用可能なバイオマス資源の種類に応じた多様なシステムの確立が重要である．

(4) 糖化法開発の現状と展望

バイオエタノールの製造でアミラーゼやセルラーゼ等を利用する場合，酵素メーカーから購入することが多い．しかし，酵素が多量に必要であるため，全体の製造コストを増大させる要因となる．そこで，バイオエタノール製造拠点に酵素生産施設を隣接させ，酵素を自給するオンサイト酵素生産を含む酵素の低コスト生産技術の開発が進められている．そのほか，酵素自体の機能強化や，多種類の酵素の複合利用および混合比率の最適化，あるいは効率的な酵素回収技術について研究が進んでいる．なお，用いる酵素の活性を低下させない前処理を選択することも必要である．

アミラーゼやセルラーゼ等を生産し，かつ産業的に求められる糖化効率や反応速度を実現可能な微生物の探索や開発により，コスト低減を図るための研究も進んでいる．さらに，後に続く発酵工程で用いる酵母（*Saccharomyces cerevisiae* など）の遺伝子操作を行い，細胞表層にアミラーゼやセルラーゼなどの酵素を集積させて糖化を行うアーミング酵母に関する技術開発も進んでいる．遺伝子操作を行うため，系外への流出に対する厳重な対策が必要であるが，後述する一貫バイオプロセス（consolidated bioprocess）での利用とともに注目されている．

e. 発酵

(1) 六炭糖と五炭糖の発酵

糖化工程において，デンプンやセルロース，ヘミセルロースの加水分解により生じた六炭糖および五炭糖は，続く発酵工程において微生物によるエタノール発酵の基質となる．なお，サトウキビ搾汁やテンサイ糖液からは直接，六炭糖が得られるため，発酵効率がよい．六炭糖のエタノール発酵には，醸造用に広く使われている酵母の *Saccharomyces cerevisiae* や，エタノール発酵を行う嫌気性桿菌

の *Zymomonas mobilis* などが用いられる．しかし，これらの酵母は五炭糖を発酵の基質とすることはできない．

そこで，五炭糖からエタノールを生産できる *Scheffersomyces stipitis* 酵母の探索が進められているが，発酵速度が遅いことやエタノール耐性が低いことなど，課題が多い．そのため，すでに利用されている生産性の高い酵母や菌に，五炭糖を代謝可能にする遺伝子を導入する研究が多く行われている．また，遺伝子組換えにより，五炭糖を代謝する能力をもつ大腸菌に *Z. mobilis* 由来の遺伝子を導入して，五炭糖からエタノール生産を可能にした事例もある．

(2) 発酵用微生物の特性要件

エタノール発酵を行う微生物に求められる特性としてポイントとなるのは，最終的なエタノール収率と発酵速度である．また，エタノール耐性や阻害物質耐性，耐熱性，凝集性なども重要である．

エタノール発酵が進んで微生物の周囲のエタノール濃度が高まると，エタノール発酵の速度が低下し，さらに高濃度になると微生物が増殖できず死滅する．どの程度のエタノール濃度で影響を受けるかは微生物の種類によって異なる．

いずれにしても，エタノールが高濃度でも発酵や増殖を続けられる微生物が望ましい．また，前処理工程で生成されることがある，フルフラールやバニリンなどのエタノール発酵の阻害物質がある程度あっても，発酵速度が低下しにくい微生物が望ましい．

さらに，耐熱性が求められるのは，一般的にセルラーゼ等の酵素の活性が最大になる温度が微生物の最適発酵温度よりも高いからである．すなわち，糖化の後，発酵に適した温度まで冷却する必要があるが，耐熱性の微生物を用いることができれば，冷却に用いるエネルギーを削減できる．また，高温耐性のない雑菌の繁殖を抑制する効果もあり，メリットが大きい．

凝集性は，酵母を回収して再利用するのに必要な特性である．通常，タンクの中で微生物を撹拌しながら発酵させ，発酵が終わると遠心分離機を用いて酵母を分離する必要がある．この点，凝集・自然沈降する微生物を利用できれば，遠心分離工程を軽減，省略することが可能となる．

(3) システム全体の効率化

発酵に用いる微生物のエタノール耐性や耐熱性は，エタノール製造システムの構成に影響することがある．たとえば，サトウキビ搾汁からバイオエタノールを製造する場合は，発酵工程のみが必要で，単発酵（simple fermentation）と呼ば

れる．デンプンを原料とする場合，糖化工程と発酵工程を独立して行うことを単行複発酵（separate hydrolysis and fermentation, SHF），糖化と発酵を同時に行う場合を並行複発酵（simultaneous saccharification and fermentation, SSF）と呼ぶ（図9.2）．

　SSFでは糖化と発酵が同時に進行し，糖化後のグルコースが速やかにエタノールに変換される．そのためグルコース濃度が低く維持され，濃度上昇による糖化のフィードバック阻害を回避できる．阻害を受けず，高い糖化速度が維持されるため，条件を適切に調整すれば，高濃度のエタノールがより短時間で得られる．

　その際，耐熱性に優れた微生物を利用できれば，酵素糖化の最適温度に近い高温条件で発酵が可能となるため，バイオエタノール生産速度がさらに上昇することが期待でき，SSF型のシステムを導入するインセンティブが大きくなる．なお，セルロース系バイオマスからのバイオエタノール製造では，六炭糖とともに五炭糖が発酵原料となるが，複数の微生物を混合利用したり，遺伝子組換え等で両種の糖を発酵できるように改変した微生物を利用したりすることにより，糖化と発酵を同時に行うSSFシステムを，とくにSSCF（simultaneous saccharification and co-fermentation）と呼ぶこともある．六炭糖と五炭糖の単行複発酵より設備コストを下げることができ，産業的に有利である．

　微生物に種々の特性を備えさせることでシステム全体の効率化，コスト削減を

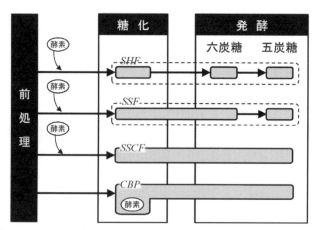

図9.2 セルロース系バイオエタノール製造における糖化・発酵工程の融合例
SHF : separate hydrolysis and fermentation, *SSF* : simultaneous saccharification and fermentation, *SSCF* : simultaneous saccharification and co-fermentation, *CBP* : consolidated bioprocess.

達成しようとする事例として，一貫バイオプロセス（consolidated bioprocess, CBP）と呼ばれる手法が注目を集めている．CBP は SSCF をさらに発展させ，発酵を行う微生物を遺伝的に改変し，アミラーゼやセルラーゼなどの酵素を生産させる機能を付与することで，酵素生産，酵素糖化，発酵の3工程を一貫して行うシステムである．

自然界には酵素生産と糖代謝を同時に行うことが可能な微生物も存在し，そうした微生物を用いた CBP の試み（native strategy）も多いが，前述したアーミング酵母のように，生産性が高い微生物をベースとして遺伝子組換えで酵素生産能力を付与する研究が主流である．酵素生産をシステム内で行うことにより，酵素購入コストを大幅に削減できる．

f. 濃縮・脱水

(1) 蒸留法

発酵工程を経て生産されたバイオエタノールは，多量の水分を含み濃度が低く，そのままでは利用できない．そのため，濃縮・脱水を行って，バイオエタノールの濃度を使用基準まで高める必要がある[9]．

最も基本的な濃縮方法は蒸留法で，次のような現象を利用している．すなわち，水とエタノールのように異なる液体の混合液を加熱して得られる蒸気では，通常，沸点が低い方の液体由来の成分の濃度が，もとの混合液より高くなる．そこで，発酵後の含水エタノールに熱を加え，水より沸点が低いエタノール成分を先に気化させて分離し，これを冷却して回収する．

(2) 共沸蒸留法

しかし，エタノールと水の混合液の蒸留操作を続けても，大気圧条件下では95.6％以上の濃度にならない．それは，混合液の組成と，その蒸気の組成が同じになる共沸と呼ばれる現象に起因する．すなわち，エタノール単体の沸点（78.3℃）より，エタノールにわずかに水が含まれた混合液（95.6％）の沸点（78.15℃）の方が低くなるからである．

そこで，バイオエタノールの製造は，概ね90％程度まで蒸留法で濃縮した後に，別の成分を加えて共沸点を低下させ，エタノールをより高濃度（99.5％）まで濃縮するという共沸蒸留法（azeotropic distillation）が用いられている．途中で添加する成分は共沸剤と呼ばれ，シクロヘキサンが代表的である．

(3) 抽出蒸留法

共沸蒸留法のほかには，抽出蒸留法（extractive distillation）が利用される場合

もある．これは，混合液中の成分よりも沸点が高く，いずれかの成分と親和性が高い溶剤を添加して揮発度に差を生じさせ，添加溶剤と親和性が低い方の成分を選択的に抽出する方法である．たとえば，エタノールとブタノール（沸点117.3 ℃）の混合液を加熱すると蒸気にはエタノールの方が多く含まれるが，この混合液にエタノールと親和性の高い水を加えると，ブタノールが先に蒸発するようになる．

バイオエタノール生産では，エチレングリコールを溶剤として用いることが多いが，この方法では必要とされるエネルギー量が大きいことが課題である．一般に，エタノール製造で濃縮・脱水工程が最も多くのエネルギーを必要とする工程であり，その省エネ化は製造システム全体におけるエネルギー収支を改善する上で効果が大きい．

(4) 脱水法

脱水工程における省エネ化に有効なのが，アメリカで主流となっている圧力スイング吸着（pressure swing adsorption, PSA）法で，親水性のゼオライトを用いる場合が多い．PSA法では，ゼオライトのような吸着剤に高圧下で含水エタノール蒸気を通過させ水分を吸着させる脱水工程と，減圧下で水分を吸着剤から脱着させる再生工程を繰り返す．脱水と再生で圧力条件を変動（swing）させる必要があるため，複数の吸着用設備（吸着塔）を必要とする．

なお，バイオエタノール生産ではPSA法で利用されるゼオライトが分子篩（molecular sieves）と呼ばれる場合もあるが，実際は分子篩としての効果ではなく，極性を利用した吸着効果を主に利用している．

脱水工程での省エネ化には，膜分離技術も有効である．代表的なものとして，浸透気化（pervaporation, PV）法，蒸気透過（vapor permeation, VP）法，および逆浸透（reverse osmosis, RO）法があげられる．PV法では含水エタノールを液体のまま膜に供給し，VP法では気化させた状態で供給する．PV法とVP法はどちらも，膜透過後は気体として回収される．RO法では液体として膜に供給され，透過後も液体のままである．いずれの方法でも，主に利用されているのは水を選択的に透過させる親水性の膜であるが，エタノールを選択的に透過させる疎水性の膜の開発も進んでいる．なお，PV法では膜透過に伴い液相から気相への相変化が生じるため，潜熱吸収によって供給側の液体の温度が低下する．

使用される膜には，透過性（透過流速）に優れていることが求められる．ポリビニルアルコール（PVA）膜のほか，ゼオライト膜やポリイミド膜など，透過性

の高い膜が開発されている．透過性のほかには，耐熱性や耐久性などに優れることが望ましい．

(5) 濃縮・脱水の省エネ化とシステムの持続性

濃縮・脱水工程の省エネ化については，このほかにも技術開発が行われており，技術を組み合わせて省エネ効果を向上させたシステムも考案されている．ただし現状では，設備コストおよびランニングコストが高く，実用化に至らない場合も多い．

サトウキビを原料としてバイオエタノールを生産する場合，エネルギー源として利用可能なバガスが大量に得られる．そのため，必要なエネルギー量が多くても，脱水工程で共沸蒸留法が採用される場合が多い．しかし，バイオエタノール生産システム全体のエネルギー収支を改善することは世界的な関心事であり，濃縮・脱水工程の省エネ技術開発および低コスト化は，引き続き重要課題である．

以上のように，エタノール製造の各工程において非常に多くの技術が開発されている．そのため，多様なバイオマス資源の中から利用する原料バイオマスを選定し，エタノール製造工程全体で利用可能な技術を整理し，コストやエネルギー収支等の観点から，最適なシステム設計を行うことが必要である．また，エタノール製造過程で生じる副産物の利用を含め，製造拠点の地域的特性にも留意し，持続性のあるバイオエタノール生産システムを構築することが望ましい．

〔服部太一朗〕

文　　献

1) Alvira, P. *et al.* (2010)：*Biores. Tech.*, **101**：4851-4861.
2) バイオマス・ニッポン総合戦略推進会議 (2007)：国産バイオ燃料の大幅な生産拡大．
3) 環境エネルギー政策研究所 (2017)：自然エネルギー白書 2016，pp.88-89.
4) REN21 (2017)：Renewables 2017 Global Status Report (REN21 Secretariat ed.), pp.29-43.
5) Sarris, D. and Papaniokolaou, S. (2016)：*Eng. Life Sci.*, **16**：307-329.
6) 資源エネルギー庁 (2015)：運輸部門における燃料多様化．
7) 資源エネルギー庁 (2017)：平成 27 年度 (2015 年度) におけるエネルギー需給実績 (確報)．
8) 新エネルギー・産業技術総合開発機構 (2014)：NEDO 再生可能エネルギー技術白書第 2 版，第 4 章 p.6, 森北出版．
9) Singh, A. and Rangaiah, G. P. (2017)：*Ind. Eng. Chem. Res.*, **56**：5147-5163.

第10章 バイオマスエネルギーの利用

☀ 10-1 バイオマス発電の動向

a. バイオマス発電とFITの効果

バイオマス発電は，同じ再生可能エネルギーでも太陽光発電や風力発電とは異なり，原料を確保できれば，どのような場所でも利活用が可能である．また，安定的な電気の供給ができるベースロード電源として利用できるほか，バイオマスを利用した地域の資源循環の推進や雇用拡大などの波及効果も期待できる．

バイオマス発電に政策的な追い風も吹いた．すなわち，2012年7月に再生可能エネルギーに由来する電力の固定価格買取制度（FIT）が施行されたのである．また，同年9月のバイオマス活用推進会議でバイオマス事業化戦略が決定され，バイオマスの種類に応じた売電価格が20年間保証されることとなった．

FITが開始された当初は太陽光発電が注目されて，バイオマスを含むほかの再生可能エネルギーへの関心は高くなかった．しかし，FITに認定されたが，実際には発電を行っていない未稼働の太陽光発電施設が約31万件にも達している．そのため最近では，太陽光発電の問題点がクローズアップされ，FIT認定自体が厳しくなっている．

さらに，太陽光発電のFITの買取価格は10 kWで40円+税であったが，2016年度から24円+税に下がったことから，太陽光発電以外の再生可能エネルギーを検討する事業者が増えた．とくに2016年度から，間伐材等由来の木質バイオマスで2000 kW未満のバイオマス発電では40円+税で買取が可能になったため（表10.1），木質バイオマス発電の普及拡大が期待されている．

現在，国内のバイオマス発電では，木質バイオマスを利用した木質バイオマス発電と，家畜排せつ物や生ごみのメタン発酵で発生したガスを利用したバイオガス発電が中心となっている．

表10.1 バイオマス発電における FIT 調達価格と調達期間（2016年度）

バイオマスの種類		調達価格（1 kWh 当たり）	調達期間
メタン発酵ガス（バイオマス由来）		39円＋税	20年間
間伐材等由来の木質バイオマス	2000 kW 未満	40円＋税	
	2000 kW 以上	32円＋税	
一般木質バイオマス・農作物残渣		24円＋税	
建設資材廃棄物		13円＋税	
一般廃棄物・その他バイオマス		17円＋税	

FIT におけるバイオマス発電設備は，2016年10月末における FIT 制度認定数（新規認定分）で459件，認定容量は4000 MW，FIT 導入後の新規導入は191件，導入容量は750 MW である．すなわち，FIT の導入により，バイオマス発電設備がある程度，普及促進していることがわかる（表10.2）．

FIT 制度導入後の新規認定と導入件数は木質バイオマス発電に比べ，バイオガス発電の方が多い．しかし，新規の認定容量は，未利用木質および一般木質等を中心とした木質バイオマス発電がバイオガス発電より多い．そのため，新規認定容量としては，バイオマス発電の90％以上を木質バイオマス発電で占めている．新規認定件数に対する新規導入件数の比率も，約43％に及んでいる．

b. 大規模木質バイオマス発電

FIT で認定された木質バイオマス発電は，5001 kW 以上が約80％を占めており，木質バイオマス発電全体の約40％，未利用木質バイオマス発電の半数以上が

表10.2 バイオマス発電事業の動向

再生可能エネルギー発電設備の種類		FIT 制度導入前（移行認定分）		FIT 制度導入後（新規認定分）		合計		FIT 制度認定数（新規認定分）	
		導入件数（件）	導入容量（MW）	導入件数（件）	導入容量（MW）	導入件数（件）	導入容量（MW）	認定件数（件）	認定容量（MW）
バイオマス発電設備		233	1127	191	750	424	1877	459	4000
バイオガス		29	11	82	24	111	35	174	61
未利用木質	2000 kW 未満	4	3	5	6	9	9	25	28
	2000 kW 以上	3	6	29	272	32	278	49	399
一般木質・農作物残渣		10	74	18	274	28	348	117	3225
建築廃材		29	332	2	9	31	341	5	37
一般廃棄物・その他		158	701	55	165	213	866	89	250

注：資源エネルギー庁公表資料から作成したもので，端数処理を行っているため，単純合計にならない場合がある．

5001〜10000 kW 規模に集中している．発電規模別の FIT 認定状況では，20001 kW 以上の一般木質バイオマスの発電所の割合が最も多く，次が 5001〜10000 kW の未利用木質バイオマス発電所である（図 10.1）．

木質バイオマス発電では，間伐材，製材所で発生する樹皮や製材端材などの一般木質バイオマス，建設廃材などを原料として使う．発電施設がある地域のバイオマスを原料に使うことが理想であるが，地域内に複数の発電施設がある場合は，バイオマス原料の持続的・安定的な確保が重要となる．一般に，5000 kW レベルの発電施設を設置する場合，年間に約 6 万 t（10 万 m^3）の木質バイオマス原料が必要となり，それが 50 km 圏内で収集できない場合は事業の持続性は難しいとされている．

新規の発電施設を計画しても既存の発電施設と競合してしまい，木質バイオマス原料の確保が難しいこともある．そこで，最近の大型木質バイオマス発電施設では，マレーシアやインドネシアから大量のパームヤシ殻（PKS, palm kernel shell）を購入し，バイオマス原料として使う施設が多い．新設の大型木質バイオマス発電施設では，バイオマス原料の大部分を PKS で賄っている事業所もある．このような背景から，PKS の輸入単価は 2012 年に約 9 円/kg であったものが，2015 年には約 13 円/kg に上がっている．

また，違法伐採した木材由来の PKS が大量に輸入されているケースもあり，2016 年 5 月にクリーンウッド法（合法伐採木材等の流通及び利用促進に関する法律）が制定され，発電利用する木質バイオマス原料は，違法伐採に由来するものでないことを証明する必要がある．このように PKS に関する課題も多い．

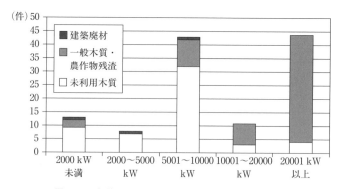

図 10.1　木質バイオマス発電規模別の FIT 認定状況

c. 小規模木質バイオマス発電

一方，2000 kW 未満の木質バイオマス発電では新たな FIT 価格が設定されたことから，小規模発電に関する関心が高まっている．大規模な発電所に比べて木質バイオマス原料の確保が容易であり，地域内での燃料収集が可能となる．また，海外のメーカーから，熱利用システムを備えた小型バイオマス熱電併給装置も販売されていることから，木質バイオマスによるコージェネレーションの普及促進が期待できる．小型木質バイオマス発電では，従来の蒸気・タービン方式のほかに，木質バイオマス原料に熱を加えて発生した可燃性のガスを使って発電するガス化発電方式や，フロンガスなどの水より低沸点の媒体を使って小さな温度差でも蒸気を発生させ，発電タービンを回すオーガニックランキングサイクル（ORC）発電方式なども選択できる．

ただし，小型木質バイオマス発電では，発電量が小さく売電収益が低いことや，大型発電装置に比べて木質バイオマス原料の高品質化の必要があることなどが課題である．低品質の木質チップやペレットを使うと，十分な発電能力を発揮しない場合もある．熱利用も，利用先の確保や販売価格を十分に検討する必要がある．今後，小型木質バイオマス発電施設が普及することが予想されるが，計画時に技術性や経済性を十分に検討し，事業の継続性を確保することが重要である．

10-2 バイオガス発電の動向

バイオガス発電では，メタン菌を使って廃棄物系バイオマスから生物学的に約 60% 濃度のメタンガス（バイオガス）を生産して，そのバイオガスを発電機やバイオマスボイラーの原料に使う．バイオガス発電による FIT 買取価格は 39 円＋税/kWh である．FIT では，バイオガスを発生させる設備である発酵槽以降の発電に必要な設備が設備認定の対象となる．具体的には発酵槽，ガスホルダー，発電機などが含まれる．

バイオガス発電施設の FIT 設備認定の申請は，2015 年度末現在で 39 件（国土交通省受付分）にのぼる．バイオガス発電は増加傾向にあり，とくに民間事業者が下水処理場内に設備を設置して運営する民設民営方式は 2013 年度が 3 件であったが，2015 年度には 15 件となり，大幅に増加することが予想される．また，従来はなかったが，下水処理場で食品廃棄物などのバイオマスを受け入れて，下水汚泥と併せてバイオガス発電を行い，地域全体で効率的にエネルギー利用するこ

表10.3　下水処理場におけるほかのバイオマス受入事例（国土交通省資料より作成）

供用開始	実施個所	処理場名	受け入れているほかのバイオマス
2013年	北海道恵庭市	恵庭下水終末処理場	家庭系生ごみ, し尿, 浄化槽汚泥
2011年	富山県黒部市	黒部浄化センター	浄化槽汚泥, 農業集落排水汚泥, コーヒー粕, 生ごみ
2011年	北海道北広島市	北広島市下水処理センター	し尿, 浄化槽汚泥, 家庭系・事業系生ごみ
2011年（実証実験）	兵庫県神戸市	東灘処理場	木くず, 事業系食品廃棄物
2007年	石川県珠洲市	珠洲市浄化センター	浄化槽汚泥, 農業集落排水汚泥, し尿, 事業系食品廃棄物

とが検討されている（表10.3）．

バイオガスの生産過程で発生した廃液は消化液と呼ばれるが，多量の窒素・リン・カリウムを含んでおり，液肥として利用できる．これを利用すれば化学肥料の使用量を削減することになる．また，北海道など畜産業が盛んな地域では，家畜ふん尿の臭気対策としてもバイオガス発電の導入が進んでいる．

バイオガス発電は木質バイオマス発電に比べて設備や仕様に多様性があり，全国各地で様々な取組みが行われている．全国のバイオガス施設の事例を表10.4に示した．ただし，消化液を液肥利用できない場合は排水処理施設を設置する必要があり，コスト高となる場合もある．また，消化液を利用できても，化学肥料と異なり特殊な機材を必要とし，運搬コストも高い．北海道は圃場面積が広く，消化液を全量利用できるが，北海道以外の小規模な圃場や地域では場合によっては消化液の利用が難しいこともある．

☼ 10-3　バイオマス発電の展望

バイオマス産業の市場規模は，2010年の旧基本計画策定当時，経済波及効果を含め約1200億円規模であった．それが，FITによる売電事業の活性化の結果，2015年には約3500億円に及んでいる．FIT効果によってバイオマス発電設備の普及や市場の拡大が進み，効率の高い発電設備の開発，熱利用，副産物利用などのバイオマス発電事業関連機器の技術革新や量産効果が発現した．

とくにバイオガス発電では，消化液処理設備がいらない液肥利用が促進されて

表10.4 国内のバイオガス施設の事例

		I	II	III	IV
利用するバイオマス	家畜排せつ物等利用	北海道㈱町村農場 士幌町新田地区バイオガスプラント 北海道野村牧場 栃木県酪農試験場	北海道別海資源循環試験施設 北海道㈲小林牧場 北海道㈲仁成ファーム 北海道コーンズ名寄発電所	南丹市八木バイオエコロジーセンター 鹿追町環境保全センター	北海道別海バイオガス発電㈱
	生ごみ・食品・飲料廃棄物等利用	兵庫県コープこうべ 北海道北空知衛生センター 新潟県蒲波バイオマスエネルギーセンター 北海道㈱ノアール 佐賀県鳥栖環境開発総合センター	京都府カンポリサイクルプラザ㈱ 千葉県ジャパンリサイクル㈱ 北海道砂川保健衛生組合 京丹後市エコエネルギーセンター 兵庫県南但クリーンセンター 富山グリーンフードリサイクル㈱ 稚内市バイオエネルギーセンター	北海道中空知リサイクルセンター 長岡バイオガス発電センター 防府市クリーンセンター	東京都バイオエナジー㈱ 宮崎県霧島酒造㈱ 鹿児島県サザングリーン協同組合 茨城県神立資源リサイクルセンター
	下水汚泥等利用	愛知県鴨田エコパーク 新潟県舞平清掃センター	福岡県おおき循環センター 恵庭市生ごみ・し尿処理場 上越市汚泥再生センター	北広島下水道処理センター 珠洲市バイオマスメタン発酵施設 山鹿市バイオマスセンター 日田市バイオマス資源化センター	神戸市東灘処理場 横浜市北部汚泥資源化センター
処理規模		16	50	100	(t/日)

バイオガス事業の栞（バイオガス事業推進協会，2015年度版）より作成．

いるため，さらにイニシャルコストやランニングコストの削減が期待される．今後の国の計画では，新たな基本計画のもと，FITによる発電事業以外の取組みによって市場規模を拡大しながら，2025年には5000億円の市場の形成を目指している．

FIT制度は20年間有効であるが，その後のバイオマス発電事業の方向としては，地域の農林水産業を維持・活性化し，有機性廃棄物を資源として有効活用することで，環境保全や国民生活の向上に資する地域資源バイオマス発電事業（未利用木質バイオマスを利用した小規模木質バイオマス発電や，バイオガス発電など）とすることが想定される．

長期エネルギー需給見通し（案）における2030年度の導入見込量を実現するためには，FITによる市場拡大と量産効果の発現によるコスト削減効果等も活用しなければならない．そして，事業主体の経営体制の健全化や効率化，生産性の高い燃料供給体制の構築などにより自立した発電事業に向けて積極的に取り組むことが必要である．また，電力多消費産業（電炉業・精錬業等）との連携，電力利用のみならず熱利用産業との連携による熱電併給事業，電力の自家利用等を推進することも必要である．

10-4 バイオマス産業都市構想

木質バイオマス発電やバイオガス発電は，国の政策とともに，地域自治体の積極的な取組みによって急速に普及する可能性がある．

国のバイオマス事業化戦略の一環として，「地域のバイオマスの原料生産から収集・運搬，製造・利用までの経済性が確保された一貫生産を構築し，地域のバイオマスを活用した産業創出と地域循環型のエネルギーの強化により，地域の特色を活かしたバイオマス産業を軸とした環境にやさしく災害に強いまち・むらづくりを目指す地域」とする「バイオマス産業都市」の制度が制定された．バイオマス産業都市構想においては，バイオマス事業の持続性や地域への波及効果が重要である．2017年度の時点で61地域，79市町村のバイオマス産業都市が選定されている（図10.2）．認定された多くの地域では，バイオマス発電を取り入れたバイオマス事業が展開されている．

a. 岡山県真庭市（2013年度バイオマス産業都市認定）

真庭市では，森林から発生する間伐材や林地残材，製材所から発生する製材端材や樹皮等を効率的に収集するとともに，価値を付加している．収集した木材は木材集積基地でチップ化してバイオ燃料とし，市役所庁舎の冷暖房システム，ペレットストーブ，農業ハウスの加温施設などに安定的に供給する形で，真庭地域内での木質バイオマスエネルギー活用の仕組みを構築している．

市内における木質バイオマスエネルギーの自給率は11.6%で，約1万5600 kL/年の原油代替（灯油代金を90円/Lとすると約14億円に相当）が可能となった（平成24年度真庭地域エネルギー関連調査）．さらに，2015年4月より，地域の関係団体で運営する真庭バイオマス発電㈱真庭バイオマス発電所で発電を行い，FITを利用して中国電力へ売電している．この施設が稼働すると，地域産業の活性化やCO_2削減効果などが期待される．

真庭市の取組みは全国の自治体や関連事業者から注目され，2006年より市内のバイオマス施設を見学するバイオマスツアーも行われている（図10.3）．

b. 北海道十勝地域・鹿追町（2013年度バイオマス産業都市認定）

鹿追町は2007年に，家畜ふん尿の適正処理，生ごみ・汚泥の資源化等を図るため，既存の汚泥処理施設に国内最大規模の資源循環型バイオガスプラント・堆肥化施設を新設し，鹿追町環境保全センターを設置した．

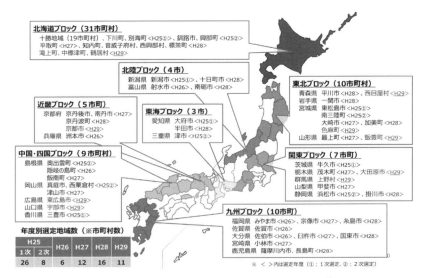

図 10.2　バイオマス産業都市の選定地域（農林水産省）[6]

　バイオガスによる電力は施設内で利用するほか，余剰分は FIT により北海道電力へ売電している．また，消化液は液肥として牧草地などへ還元し，環境に配慮した地域資源循環型社会の形成を推進している．なお，バイオガス生成の過程で生じた熱は，温室栽培，魚類の養殖に活用している．

　また，2016 年 4 月より，新設の瓜幕バイオガスプラント（処理量：210 t/日，合計発電能力：1000 kW）が本格稼働している（図 10.4）．鹿追町の取組みは，全国のバイオガス発電施設の 1 つのモデルケースになっている．

10-5　ドイツのバイオマス利活用

　最後に，バイオマス利活用な盛んな EU の事例を紹介する．EU は 2020 年までに再生可能エネルギーの割合を 20% に，輸送用燃料におけるバイオマス燃料の割合を 10% に引き上げて，CO_2 排出量を 20% 削減する目標を掲げている．これらの目標達成のため，EU では加盟国ごとに再生可能エネルギーの導入目標の設定を義務付けている．また，バイオマス燃料の導入目標は，EU 全域で一律に適用されている．

3 真庭バイオマス産業杜市構想の推進

「真庭バイオマス産業都市」2014年3月認定

「自然」「連携」「交流」「循環」「協働」の
5つのキーワードを踏まえ、
以下の**4つのプロジェクト**を重点的に展開し、
多様な事業の連携・推進により
「**真庭バイオマス産業杜市**」を目指す。

①真庭バイオマス発電事業
　H27年4月稼働
②木質バイオマスリファイナリー事業
　高付加価値新素材の開発など
③有機廃棄物資源化事業
　生ごみ液肥化事業と農業との連携
④産業教育・観光拡大事業
　バイオマスツアーや、福祉作業所によるペレットクッキーの製造販売

● 目標　　注）2014.3計画策定時点, 灯油97円/L, 原油代替量（38.2MJ/L）に熱量換算すると約117,600kL/年

◆目標バイオマス利用量	約349,000t/年　（換算エネルギー量約4,316,000GJ/年）
◆原油代替量	約113,000kL/年　（灯油代を97円/Lと想定すると約114億円に相当）
◆CO_2削減効果	約299,000t-CO_2/年
◆雇用効果	約250人/年を達成

図10.3　岡山県真庭市のバイオマス事業の取組み
（第2回バイオマス産業都市推進シンポジウム資料（真庭市，2016.2.2））[5]

原料	家畜排せつ物:85.8t/日 (乳牛ふん尿) 敷料等:4.0t/日 車両洗浄水:5.0t/日 ＋ 生ごみ, 浄化槽汚泥、等
処理方式	湿式メタン発酵
処理能力	94.8t/日
発電容量	300kW(100kW×1基、 200kW×1基)
運転実績 (H24)	ガス発生量:35.5 m³/t 発電量:1.5kWh/m³ 総発電量:1,900MWh/年

原料バイオマスの追加・ガス利用用途の拡大・余剰熱利用

◆廃棄物系バイオマスをバイオガス化
①生ゴミ、下水汚泥の堆肥化 → バイオガス化(H24より)
②乳業会社規格外製品の受入れ（チーズ、バター等）
③エタノール蒸留残さやBDF残さ（グリセリン）の受入れ
▶収入の増加（処理料金）、ガス量の増加（発電量増加）、肥料成分の向上

◆精製バイオガスの利活用

町民利用・自治体利用・農業用利用

◆余剰熱を利用した温室ハウス栽培

さつまいもの育苗

イチゴの栽培

ソウジュツ（生薬）の育苗

図10.4　北海道十勝地域・鹿追町のバイオマス取組み（鹿追町資料）

a. ドイツにおけるバイオガス利用

ドイツは，再生可能エネルギーの利活用で世界をリードしており，再生可能エネルギーが電力消費量の約30%を占めている．トウモロコシなどのエネルギー作物と，家畜排せつ物や食品残渣などの有機性廃棄物を混合させた原料をメタン発酵させたバイオガスからエネルギーを産出している．再生可能エネルギーにおけるバイオマスエネルギーの熱利用は，90%に及んでいる．このようにドイツでは，地域資源を上手に利活用したバイオマスエネルギーの地産地消が進んでいる．

ドイツでバイオガス原料として最も重要なエネルギー作物はトウモロコシであり，その理由は次の3つである．①トウモロコシはエネルギー収量が高い．バイオガスの生成量は家畜（乳牛）排せつ物では約 15 m^3/t であるが，サイレージでは約 100 m^3/t と多くなる．また，ホールクロップ利用すれば大量のバイオガス生成が期待できる．②栽培期間が5～9月と短く，サイレージに加工すれば長期の貯蔵が可能で，バイオガスプラントへ安定的な原料供給ができる．③バイオガス廃液は液肥となり，トウモロコシに直接施肥できる（日本ではバイオガス廃液の液肥利用は進んでおらず，バイオガス事業推進の阻害となっている）．

さらにドイツでは，1 ha 当たり 2000～3000 ユーロの補助があり（2011年），農家は従来の農業収益のほかに再生可能エネルギー生産によるFITによる収益が見込めるため，耕地面積は約80万 ha まで増大した．現在，ドイツでは7700のバイオガスプラントが稼働しており，プラントの周辺でトウモロコシが栽培されている．

b. エネルギー作物の課題と展望

バイオガス利用のためのトウモロコシ栽培は休耕地対策にもなるため，栽培面積が拡大している．一方でFITの収益を目的とした過剰なトウモロコシ栽培により，従来の輪作体系が崩れ，持続的可能な農業体系が維持できなくなり，連作障害や土壌劣化などの環境問題が発生している．またトウモロコシの価格が高騰し，食料とエネルギーの競合もみられる．そこで，ドイツではトウモロコシ栽培の拡大を抑制するため，新規のバイオガス事業でFIT申請する際は，家畜排せつ物や食品残渣由来の原料しか認めていない．

バイオガス原料としてトウモロコシなどのエネルギー作物を栽培することは，従来の農業体系を維持しつつ，農家の収益増加と CO_2 削減対策を目的として開始された．しかし，経済性を優先したため，現状は当初の目的から大きく乖離している．今後の展望としては，もう一度原点に戻り，健全な農業体系と，地域に賦

存しているバイオマス資源を上手に循環させる地産地消モデルを構築していく必要がある．

〔土肥哲哉〕

文　献

1) 川越裕之（2016）：生活と環境，**61**：14-19.
2) 経済産業省（2016）：調達価格等算定委員会（第24回）配布資料5，FIT制度についての要望．http://www.meti.go.jp/committee/chotatsu_kakaku/pdf/024_05_00.pdf
3) 経済産業省中国経済産業局（2014）：旬レポ中国地域，**68**．http://www.chugoku.meti.go.jp/info/densikoho/26fy/h2611/kankeikikan_maniwashi.pdf
4) 中島浩一郎（2016）：地域開発，(615)：25-28.
5) 日本有機資源協会（2016）：平成27年度地域バイオマス産業化支援事業（全国段階），シンポジウム配布資料．http://www.jora.jp/tiikibiomas_sangyokasien/pdf/160202symposium-shiryou.pdf
6) 農林水産省：バイオマス産業都市の取組．http://www.maff.go.jp/j/shokusan/biomass/b_sangyo_toshi/b_sangyo_toshi.html

※各URLは2018年5月15日確認．

第11章　エネルギー作物としてのイネ

☀ 11-1　日本農業とイネのバイオマス利用

a. 日本農業と食料自給率

　日本の総人口は約1.2億人，そのうち農業者数は1990年に293万人であったが，年々減少して2017年には150万人となり，平均年齢は66.8歳で，高齢化も急速に進んでいる．また，農家数も1990年に383万戸あったが，2015年には216万戸と，半減に近い減り方である．農地面積は，1961年から2015年の54年間に，工場用地・道路，宅地等への転用，耕作放棄地の増加等により，609万haから450万haへ，約160万ha減少した．

　この間に日本人の食生活も劇的に変化し，食料自給率も大きく低下した．すなわち，わずか数十年の間に，米，野菜と魚を中心とした食生活から，多くを海外に依存している畜産物と油脂類が多い食生活へと変化した．それに伴って日本の食料自給率は，1965年から2016年の51年間に73％から38％に低下し，主要先進国の中で最低の水準にある．

　一方，世界的には人口が増加しており，開発途上国では所得の向上に伴って食料需要が増大している．しかし，気候変動によって食料生産が減少したり，国内外の様々な要因によって食料の安定供給が難しくなっている．

　こうした状況では，日本における食料の安定供給を持続的に確保し，不測の事態に備える食料安全保障の観点が重要となってくる．そのため，国産農産物の生産量を増やして，食料自給率を向上させることが喫緊の課題である．

b. 日本の農業政策の動き

　政府は，2020年度の食料自給率をカロリーベースで50％，生産額ベースで70％まで引き上げることを目標として掲げている[10]．そして，食料自給率の向上を図るため，食料・農業・農村基本計画（2010年3月30日閣議決定）に基づいて，

生産・消費の両面から様々な取組みを進めている．

　消費の面から考えると，食料自給率は国民の食生活の内容によって変化する．そこで，農林水産省は2008年度から国産農林水産物の消費拡大を推進し，食料自給率の向上に向けた国民運動「フード・アクション・ニッポン」（http://syokuryo.jp/index.html）を立ち上げた．現在，農業者，民間企業，団体・行政等幅広い分野の関係者が参加しており，その数は2018年3月末現在で1万を超えている．

　一方，生産面をみると，農業者の減少と高齢化，それに伴う農地基盤の脆弱化が進む中で，国内農業の生産力・供給力の向上を図っていくことが重要である．そのため，農業の担い手の育成・確保に向けた施策の集中化・重点化が重視されている．また，食料生産の基盤である農地・農業用水等の確保・保全，とりわけ，耕作放棄地の解消，再生利用に向けた施策が推進されている．

　また，米の需要開発を促進するとともに，水田を余すことなく有効活用し，主食用以外の米である米粉用米や飼料用米の開発と利用などが期待されている．加えて，大部分を輸入に頼っているコムギやダイズの作付け拡大，および単収・品質の向上も必要である．

c. 地球環境とバイオマス

　地球規模でみると，化石エネルギー由来の二酸化炭素をはじめとする温室効果ガスの排出量が増大し，それによって地球温暖化が進んでいると考えられている．この地球温暖化によって高温や不安定な降水，干ばつ等の異常気象が頻発し，病害虫の発生が増えたりして，農作物の収量や品質が低下する例も少なくない．そのため，地球温暖化対策として，作付体系を変えなければならないこともある．

　農林水産業からの温室効果ガスの排出量は，日本の総排出量のわずか2.8%にすぎないが，農業は地球温暖化の影響を強く受ける．したがって，地球温暖化の影響を軽減させるとともに，温室効果ガスの排出そのものを削減するための技術開発も必要である[3]．その1つとして，化石燃料の代わりにバイオマスエネルギーを利用することで，温室効果ガスの排出削減の効果をねらう取組みがある．農業分野でバイオマスを利用することは，地球温暖化対策や循環型社会の形成に役立つ．しかも，日本においては休耕田や耕作放棄地を活用することになり，農林漁業・農山漁村の活性化，新たな産業創出，食料自給率向上の向上にもつながる[14]．

　このような背景から，食料安全保障の確立と地球温暖化対策に貢献する方策の

1つとして，耕作放棄地や遊休農地におけるイネのバイオマス利用[5, 17]を本章で取り上げる．バイオマスエネルギーの生産と利用のためにエネルギー作物の栽培が拡大しており，食料とエネルギーの競合が世界的に懸念されている．しかし，本章で取り上げる米は日本では100％自給できているため（毎年，約70万tを輸入しているミニマムアクセス米は除く），食料とエネルギーとの競合の心配をすることなく，イネのバイオマス利用が日本農業の振興に役立つこと可能性が高いと考えられる．

11-2　耕作放棄地とイネのバイオマス生産

a.　主食用米とその他の用途

水田は，日本の気候風土に適した重要な農業資源であり，国土の保全，洪水・土壌浸食防止，水資源の涵養，豊かな自然環境の保全，生物多様性や美しい農村景観の形成等の多面的機能を生み出している[12]．そのため，水田がこれらの多面的機能を十分に発揮できるように持続的に維持していくことは日本農業において重要である．

現在，日本における米の1人当たり年間消費量は，1962年の118 kgをピークに，2015年には半分以下の54.6 kgまで減少している．この消費量であれば，全国にある水田の約6割（約140万ha）で賄うことができる計算になる[9]．しかし，今後も水田が減り続けると，多面的機能を果たすことが難しく，食料不足に陥った場合に水田として利用することも難しくなる．

そのため，残り約4割（約100万ha）の水田では，主食用米以外を生産して，様々な用途を考案することが求められている．食料安全保障の面からは戦略作物であるコムギやダイズ，米粉用米，飼料用米の生産が奨励される．また，地球温暖化対策からは，バイオマス生産水田として，有効に活用することが重要である．

b.　耕作放棄地の増加と対策

日本では，耕作放棄地の増加が大きな問題となっている．農林水産省が発表している農林業センサスによると，耕作放棄地の面積は1975年には13.1万haであったものが年々増加し，2015年には42.3万haとなり，40年間で約3倍に増加した（図11.1）．耕作放棄地は，「以前耕作していた土地で，過去1年以上作物を作付けせず，この数年の間に再び作付けする意思のない土地」（農林業センサス）と定義されている（8-6節参照）．耕作放棄地の増加要因としては，農家の高齢化，

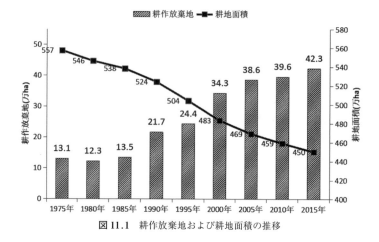

図 11.1 耕作放棄地および耕地面積の推移

労働力不足，農産物価格の低迷，担い手不足，立地条件が悪い等があげられている[11]．

　農林業センサスでは，耕作放棄地に関する調査対象を土地持ち販売農家，土地持ち自給農家および土地持ち非農家の3つに区分しているが，耕作放棄地の面積の半分は土地持ち非農家（農家以外で耕地および耕作放棄地を5a以上所有している世帯）が所有している．この土地持ち非農家は農地がある地域に居住していない場合が多く，農地を管理することができないため，耕作放棄地増加の原因の1つとなっている．

　さらに，今後も耕作放棄地の面積は農業者の高齢化によって増加することが予想されるため，現在，農林水産省が中心となって耕作放棄地を解消するために，様々な取組みを実施している．たとえば，2014年から各都道府県に整備された農地中間管理機構が，農地を貸したい人と借りたい人との間を取り持つ中間的受け皿となり，担い手への農地の集積・集約化を推進し，耕作放棄地化するのを防止している．また，耕作放棄地再生利用緊急対策では，荒廃農地を再生・利用する取組みを支援している．

c. 利用可能な水田面積の試算

　耕作放棄地にイネを栽培するためには，過去に水田として利用されていたことが望ましいが，耕作放棄地には水田と畑（普通畑，牧草地，樹園地）とが含まれており，その内訳は明らかになっていない．そこで，耕作放棄地として取り扱われている水田を休耕田と呼び，今すぐに利用可能な休耕田の面積と，潜在的に利

用可能な休耕田の面積が試算されている[17]．その結果によれば，すぐに利用可能な状態にある水田面積は，生産調整田を含めて約 15 万 ha，潜在的に利用可能な状態にある水田面積は約 27.5 万 ha である．

主食用米以外の用途で利用されている水田と，耕作放棄地に占める水田利用可能な面積を合わせると，約 115～130 万 ha である．これらの水田が，戦略作物やバイオマス利用としてのイネの栽培に利用できる計算になる．ただし，すでに戦略作物が広く栽培されているため，バイオマス利用のためにイネを栽培できる面積は，休耕田からの約 15～30 万 ha であると考えられる．

経済的な付加価値を検討しながら，これらの休耕田でイネを栽培することは，バイオマス利用の拡大だけでなく，水田農業の維持に大きく寄与する．

11-3 イネのバイオマス利用と多様なイネ

a. バイオマスイネの用途と特性

イネ由来のバイオマスエネルギーとしては，液体燃料のバイオエタノールと，固形燃料のペレットの 2 つがある．バイオエタノールの製造技術は確立されているものの，コスト削減が大きな課題となっている．一方，もみ殻バイオマスを熱利用・発電利用する動きが近年，国内各地で広がりつつある．たとえば，2013 年から関係 7 府省（内閣府，総務省，文部科学省，農林水産省，経済産業省，国土交通省，環境省）が連携してバイオマス産業都市構想を推し進めている（10-4 節参照）．2016 年度までにバイオマス産業都市として選定された 68 市町村のうち，富山県射水市，新潟県十日町市，富山県南砺市の 3 地域において，イネのバイオマス利用としてもみ殻の燃料化や肥料化が進められつつある[13]．

ここまで，イネを主食用米以外の水田や休耕田で栽培して，バイオエタノールやペレットにして利用することをあげてきたが，続いてどんなイネを栽培するのかが問題となる．バイオエタノールやペレットの原料として利用する場合は，食用米と異なり，食味や品質を考える必要がない．米部分だけでなく，もみ殻と稲わらも含めた地上部全体のバイオマス量が多いことが第一条件となる．また，コストと環境面から，低投入持続的栽培が可能なことも重要となる．そのため，バイオマス用のイネを既存品種の中で考えるとすれば，多収性稲品種や飼料稲品種が有力候補となる．

b. バイオマスイネ品種の育成

まずは，日本におけるイネ品種の変遷と多収性・飼料稲品種をみておきたい．日本の稲作ではとくに明治時代以降，収量の安定的な向上が最大の課題であり，品種改良と栽培技術の改善の組み合わせによってそれを実現してきた．その間，'ホウネンワセ'，'レイメイ'，'アキヒカリ'等の多収性品種が開発された．しかし1960年代以降，米余り状況になったため生産調整（減反政策）が開始され，品種改良の目標は多収性から良食味へシフトし，'コシヒカリ'，'あきたこまち'，'きらら397'等の良食味品種が全国各地で育成され，栽培された．

続く1980年代以降になると，他用途米や新形質米を開発するために，良食味にこだわらずに収量性を追求する品種改良が実施され，多収性品種を代表する'タカナリ'が1990年に育成された．その後，2000年代に入ると，水田利用と飼料自給率の向上を図る観点から，イネの地上部全体を刈り取り，ホールクロップサイレージ（WCS）として利用する事例が増えている．これを支えるためのWCS専用品種としては，'べこあおば'，'ホシアオバ'，'リーフスター'等が開発されている[7,8,15]．

また，子実を利用する飼料用米品種や，地上部全体と子実の両者を利用する兼用品種も開発されている（図11.2）．近年，栽培されている多収性品種や飼料稲品種の主要品種の生育特性を表11.1に示した．

c. 飼料用米の栽培と利用の振興

現在，食料・農業・農村基本計画（2015年3月31日に閣議決定）に基づき，2025年における飼料用米の生産努力目標110万tの達成に向けて（2016年度の飼料用米生産量は合計約48万t），多収性品種の開発，低コスト栽培技術の確立等

図11.2 コシヒカリ（左，食用稲品種）とクサノホシ（右，飼料稲品種）（写真：関谷信人）

表11.1 多収性品種や飼料稲品種の主要品種のバイオマス生産，品種特性

番号	品種名	栽培適地	全乾物重 (kg/10a)	(粗)玄米重 (kg/10a)	タイプ
1	きたあおば	北海道	1420	825	兼用型
2	たちじょうぶ	北海道	1530	757	兼用型
3	べこあおば	東北中南部・北陸・中部	1370	730	兼用型
4	夢あおば	東北中南部・北陸・中部	1520	720	兼用型
5	タカナリ	関東以西	1950	732	飼料用米
6	北陸193	北陸・関東以西	2010	780	兼用型
7	モミロマン	関東～中国・四国	1800	820	兼用型
8	リーフスター	関東～中国・四国	1920	420	稲WCS
9	タチアオバ	九州	2130	660	稲WCS
10	モグモグアオバ	九州	1920	720	兼用型
比較：2016年の全国平均収量			1284	531	

全国平均収量の全乾物重は，玄米に対する副産物比（もみ殻：0.22，わら：1.2）から算出し[15]，玄米重，もみ殻重およびわら重の合計から算出した．
文献[7,8]を改変．

の試験研究や農業機器開発等の取組みが行われている．

　また，農林水産省および一般社団法人日本飼料用米振興協会では，2016年度から「飼料用米多収日本一」を開催している．過去には主食用米で「米作日本一表彰事業」(1949～1968年，朝日新聞社主催)があったが，この事業も同じく，飼料用米品種の多収性を競い，多収を実現している農家を表彰し，その成果を広く紹介することを目的としている．2016年度における表彰者7名の収量は，品種は異なるが823～932 kg/10 a で，国が2025年に目標としている759 kg/10 a をすでに超えている．本事業を通じて，多収を実現している農業者の栽培技術が広く普及し，飼料用米やバイオマス用のイネの生産技術の開発や利用拡大につながることを期待したい．

　このような多収性イネ品種を休耕田で栽培し，米だけでなくもみ殻や稲わらも含めてホールクロップ利用してバイオエタノールを生産した場合，どれくらいのポテンシャルがあるか試算されており，年間300～400万 kL のバイオエタノールを生産するポテンシャルがあることがわかっている[17]．あくまでも机上の計算ではあるが，2030年までに年間600万 kL のバイオエタノールを供給するという，2007年当時の政府目標の半分以上を賄える量であり，イネのバイオマス利用のポテンシャルが非常に大きいことを示している．

☀ 11-4 米のバイオエタノール化実証事業

a. バイオマス政策の動向

2002年12月に，バイオマス・ニッポン総合戦略が閣議決定された．この戦略は，再生可能資源であるバイオマスの利活用推進に関する基本的な方針と方向を定めている．内閣府，農林水産省，文部科学省，経済産業省，国土交通省，および環境省の1府5省が協力して作成したもので，地球温暖化の防止，循環型社会の構築，競争力のある戦略的産業の振興，農山漁村の活性化を狙っている[4]．

2005年4月にまとめた京都議定書の目標達成計画では，2010年度までに輸送用バイオ燃料として，原油換算で50万kLを導入することが掲げられている．また，2006年3月には先のバイオマス・ニッポン総合戦略が大幅に見直され，輸送用バイオ燃料の利用促進を大きな柱とするとともに，日本全国に豊富に存在するバイオマスの活用推進が国の大きな目標となった．

さらに，2007年2月には，バイオマス・ニッポン総合戦略推進会議によって国産バイオ燃料の生産拡大工程表が発表された．この工程表では，2011年までに糖蜜や規格外農作物などの糖質，およびデンプン質系バイオマスを原料とするバイオエタノールを年間5万kL生産することを目指した．また，2030年頃までに食料供給と競合しない稲わらや間伐材等のセルロース系原料や資源作物から，年間600万kLのバイオエタノールを生産する計画が提示された．

その後，バイオマス活用推進基本法（2009年6月），バイオマス活用推進基本計画（2010年12月閣議決定），バイオマス事業化戦略（2012年9月閣議決定）等の取組みが進められてきた．現在は，新たなバイオマス活用推進基本計画（2016年9月閣議決定）に基づき，環境負荷の少ない持続的な社会，農林漁業・農山漁村の活性化，新たな産業創出という3つの観点から，バイオマスの利用拡大，バイオマス活用推進計画の策定，バイオマス新産業の規模に関する目標を設定している．

b. バイオエタノール製造実証事業

2007年から，農林水産省の支援を得て，国内2地域においてバイオ燃料地域利用モデル実証事業が実施された．これらの事業は，国産バイオエタノールを生産するための原料調達から，燃料製造・販売までの一貫システムを確立することを目指したものである．

1つは，オエノンホールディングス株式会社が北海道苫小牧市において実施したものである．北海道産の多収米（不足分はミニマム・アクセス米）を原料とする大規模実証プラントで，2009年から年間1.5万kLのバイオエタノールの生産を開始した．製造されたバイオエタノールはETBE（エチル・ターシャリー・ブチル・エーテル）という添加剤に加工してガソリンと混合した後，関東圏等のガソリンスタンドで販売された．

もう1つは，全国農業協同組合連合会（JA全農）が新潟県で実施したものである．新潟県内の組合員農家の協力を得て，約300 haの生産調整田に水稲品種北陸193号を栽培し，その玄米から年間0.1万kLのバイオエタノールを製造し，その後，全農新潟石油基地において3%をガソリンに直接混合して，県下のJA全農のサービスステーションで販売した．

このJA全農のプラントではもみ殻をブリケットにしてガス化し，製造プラントの熱源として利用している．もみ殻残渣は土壌改良剤として，また，発酵残渣は堆肥や飼料に活用された（図11.3）．

本事業では，イネの原料生産からバイオエタノール製造，バイオエタノール混

図11.3 JA全農の新潟県におけるバイオエタノール製造プラントと石油基地（写真：森田茂紀）
A：北陸193号のもみの搬入，B：プラント設備，C：もみ殻のブリケット，D：JA全農の石油基地．

合ガソリンの販売利用および発酵残渣の飼料等利用までのすべてのプロセスを一貫して新潟県内で行い，地域循環型のエネルギーシステムが構築された．国産バイオエタノール生産に求められる食料・農業，環境，そしてエネルギーに対する社会的利益が評価された．

これらの事業については，2014年2月に設置した外部有識者からなるバイオ燃料生産拠点確立事業検証委員会が，自立化・事業化の実現可能性を検証した．同年5月9日に出された同委員会の報告書の中では，原料調達の見通しの甘さ，製造コストが高い点が指摘された．この評価をふまえて，同年7月9日，農林水産省は自立化・事業化の目的を達成することは困難と判断し，補助金の支援を2014年度で打ち切ることを決めた．

c. 稲わらともみ殻の利用

イネのバイオマス利用法としては，そのほかに稲わらをペレット化して熱利用する取組みが行われている．たとえば，北海道空知郡南幌町では2011年から，町の政策として「稲わらペレットを利用した地域循環システムの構築に向けて」を策定した．この取組みでは，同町内から発生する稲わら，麦わら，もみ殻という農業系バイオマスの利用可能量を評価・検討し，最も利用ポテンシャルが多かった稲わらを原料としてペレットを製造し，南幌町役場のペレットストーブ，町内の温泉やプールのペレット（バイオマス）ボイラーの熱源として利用している．

その他，秋田県大潟村では，同村の主要な農業である稲作から発生したもみ殻をバイオマスとして活用し，村内にある公共施設・住宅，農業ハウス等に熱によるエネルギー供給システムの構築を進めている．また，この原料となるもみ殻を農家から買い取ることで農家収入につなげるとともに，電気，熱を地域で自立して供給し，農業と地域経済のエネルギー好循環を目指している[1]．

☀ 11-5 イネのバイオマス利用の課題と展望

バイオマスの生産と利用を考える場合，どうしても変換・製造の過程が注目されがちである．しかし，実際の事業化を進めるにあたっては，入口（原料）と出口（利用）も含めた一環システムとしてとらえる必要がある[6]．このような視点に立って，イネのバイオマス利用の課題と展望について考えておきたい．

a. バイオマス利用の入口

入口としての原料となるバイオマスの確保については，何を，どこで，どうや

って栽培するかが問題となる[6]. 何を, どこで栽培するかについては, すでに述べたとおりで, 飼料用・多収性イネ品種を, 耕作放棄地を含む休耕田で栽培して, 玄米, もみ殻, 稲わらを利用することが考えられる.

　バイオエタノールやペレットの生産費を抑えるためには, 原料費も削減する必要があり, 現在の多収性品種や飼料稲品種がもつバイオマス生産性を超える品種改良が今後も必要である. また, 高いバイオマス生産を上げるために, いくらでも肥料や農薬を投入してよいだろうか. 現在の産業型農業は, 農業機械, 肥料, 農薬などを多投入して高い生産性を実現するエネルギー依存型のものになっている[16]. しかし, バイオマス利用の背景には, 地球温暖化の原因と考えられている二酸化炭素の排出を削減することがある.

　したがって, 原料となるイネ栽培におけるエネルギー収支 (産出/投入エネルギー比, 8-1節参照) が適正でなければならない. すなわち, これが3番目のポイントとなる, どうやって栽培するか, という問題であり, 原料イネの栽培のために投入するエネルギーをできるだけ少なく抑える必要がある. 水稲栽培に投入されているエネルギーの中では, 農業機械と肥料・農薬に関わる割合が大きく[18], これらの投入エネルギーを低減するには, 直播栽培, 不耕起栽培などの低投入省力栽培や, 化学肥料の代わりに家畜ふん尿と作物残渣に由来する堆肥を利用した栽培を導入することも考えられる. そのためには, 直播栽培や不耕起栽培に適した品種の選択が必要である. また, 農薬を減らすためには, 病害耐性・虫害耐性・雑草耐性が強い品種の育成が必要である. さらに, 収穫・運搬・保管のためのエネルギーも節約するために, 新しい機械や施設の開発も必要となる.

　なお, 通常の稲作では, コンバインで収穫するときに稲わらは裁断して残し, 後で水田に鋤き込んでいる. しかし, バイオマス原料としてのイネを目的生産して, 地上部すべてを利用すると, 稲わらやもみ殻を水田に戻さないことになるため, 水田土壌の有機物含量が減少し, 地力が低下することが懸念される. 水田生態系における炭素や窒素の循環という視点から定量的な解析が必要であり, 持続的なシステムを確立するためには, 稲わらやもみ殻の持ち出しを数年おきにするとか, 家畜ふん尿を利用して地力を維持することが必要となる.

b. バイオマス利用の出口

　出口としての問題としては, まず, 生産したバイオエタノールやペレットをどのように利用するかがある. バイオエタノールを自動車用燃料として利用する場合, 直接混合する方法と, 添加剤のETBEにしてから混合する方法の2つがあ

る．現在，石油連盟は ETBE 方式を採用しているが，バイオエタノールを生産する側の多くは，バイオエタノールのガソリンへの直接混合を提案している[2]．この問題については，混合割合や事業化のための初期投資など，様々な視点から検討する必要がある．

一方，イネを原料としたペレット利用の場合，バイオマスボイラーで燃焼させ，熱あるいは電気を得ることが主流である．しかし，イネには多量のシリカが含まれており，その燃焼灰は固まりやすいことから，バイオマスボイラーに負荷がかかるという問題がある．そのため，普及に向けては，ペレットの品質改善やバイオマスボイラーの性能向上等に今後取り組む必要がある．また，イネは1年のうちに1回，秋に収穫されるため，原料の収集，保管，製造および販路等に要するコストを勘案した事業性の確保も必要である．

c． おわりに

以上，本章では日本におけるイネのバイオマス利用を取り上げた．休耕田でイネを栽培すること自体は水田の保全や景観維持につながるし，食料自給率の向上や雇用の創出も含めて，農村振興につながる[4]．また，バイオエタノール，ペレットを生産・利用することは地球温暖化対策となりうるだけでなく，石油代替エネルギーとして利用できるので，エネルギー自給率がわずか5％（原子力を除く）の日本にとってはエネルギー安全保障の観点からも大きなメリットがある．さらに，イネを栽培して水田を維持しておけば，必要があればいつでも，食用イネの栽培に切り替えることができるため，食料安全保障上も意義がある[19]．すなわち，日本におけるバイオマスの生産と利用は農業問題としてとらえるべきであり，水田とイネを基盤とした日本農業を再生させる1つの有効な手段とすることが有効である．

〔塩津文隆〕

文　献

1) 秋田県大潟村（2016）：分散型エネルギーインフラプロジェクト〜もみ殻バイオマス資源の活用について〜．
2) 五十嵐泰夫・斉木　隆（2008）：稲わら等バイオマスからのエタノール生産，社団法人地域資源循環技術センター．
3) 国立環境研究所地球環境研究センター　温室効果ガスインベントリオフィス（GIO）編，環境省地球環境局総務課低炭素社会推進室監修（2016）：日本国温室効果ガスインベントリ報告書．
4) 小宮山宏他（2003）：バイオマス・ニッポン　日本再生に向けて，日刊工業新聞社．
5) 森田茂紀（2008）：農林水産技術研究ジャーナル，**31**：47-49．

6) 森田茂紀（2009）：生物資源，**2**：2-7.
7) 日本草地畜産種子協会（2016）：飼料用イネの栽培と品種特性.
8) 農業・食品産業技術総合研究機構作物研究所（2013）：米とワラの多収を目指して2013.
9) 農林水産省（2008）：平成20年度 食料・農業・農村白書.
10) 農林水産省（2015）：食料・農業・農村基本計画．http://www.maff.go.jp/j/keikaku/k_aratana/pdf/1_27keikaku.pdf（2018年5月15日確認）
11) 農林水産省（2016）：荒廃農地の現状と対策について．
12) 農林水産省（2016）：農業・農村の多面的機能.
13) 農林水産省（2017）：バイオマス産業都市について．
14) 農林水産省（2017）：バイオマスの活用をめぐる状況．
15) 小川和夫他（1988）：北海道農試研報，**149**：57-91.
16) Pimentel, D. *et al.*（1973）：*Science*, **182**：443-449.
17) 塩津文隆他（2009）：農業および園芸，**84**：604-613.
18) 宇田川武俊（1976）：環境情報科学，**5**：73-79.
19) 山家公雄（2008）：日本型バイオエタノール革命，日本経済新聞出版社.

第12章　エネルギー作物と地域振興

☀ 12-1　バイオマスとエネルギー作物

a. エネルギー作物への期待

　バイオマスエネルギーは，地域振興の一手段としても注目されている．その象徴の1つに，バイオマスタウン構想がある．バイオマスタウンとは，地域内の関係者が連携して，エネルギー原料となるバイオマスの発生から利用までを効率的なプロセスで結び，安定的にバイオマスの利用を行う地域のことである．平成29年1月現在，全国16都道府県の340市町村において，バイオマス活用推進計画やバイオマスタウン構想が策定されている[6]．これらの市町村は，国から地域バイオマス利活用交付金などの助成を優先的に受けることができる．

　具体的なバイオマスの例としては，農家から出る家畜ふん尿や作物残渣，森林から出る間伐材などの残材，工場・レストラン・家庭から出る食品廃棄物（生ごみ）や下水汚泥などがある．エネルギー作物（バイオマス作物）は，これら既存のバイオマスを補完するものとして，休耕田の利用も兼ねて原料に加えることができる．

　ただし，バイオマスの利用には，バイオマスの発生源から工場までの輸送の手間とコスト，燃料やエネルギーへの変換の技術的問題と施設のコストのほか，メタン発酵の廃液（消化液）のように大量に出る廃棄物の有効活用など，解決すべき問題は多い．

　従来，産業廃棄物として多額の費用をかけて処理していたものをバイオマス原料としてコスト削減するなど，全体のコストを試算して取り組むことが多い．実際には助成金で施設をつくっても，故障や老朽化に対応する経費が捻出できずに放置される例も少なくない．

　バイオマスはあくまでも原料であり，その製品である燃料やエネルギーは高単

価で売れるものではないため,コストの問題は非常に大きい.また近年は,シェールガス資源が相次いで発見されて原油価格が安定しているため,バイオエタノール原料のトウモロコシの国際価格が高騰した2007年のような,バイオマス利用への機運は低調である.

しかし,東日本大震災での福島第一原発の事故を経て,原子力エネルギーの利用に国民の積極的な賛同が得られるとはいいがたい.地球温暖化も進行している現在,バイオマス利用は継続して取り組むべき課題であることは間違いない.また,未利用バイオマスである家畜ふん尿などの処理をどうするかは大きな社会問題となっている.後述のように,農家の高齢化・後継者不足で,多くの耕地が放棄地となりつつある現状では,エネルギー作物の活用も含めたバイオマス利用に,各地域が真剣に取り組んでいく必要がある.

b. 耕作放棄地とエネルギー作物

地方では過疎化や少子高齢化が深刻な問題となっている.農業従事者についてみると,農業就業人口182万人のうち65歳以上が121万人と3分の2を占め,65歳未満は約60万人であり(いずれも2017年度の概数値),平均年齢は66.8歳(2016年度)である[5].2010年には,農業就業人口が261万人,65歳未満が約100万人,平均年齢が65.8歳であったのと比べると,農業従事者の急激な減少と高齢化が進んでいることがわかる.

このため,年々,日本各地に耕作放棄地が増え続けている.耕作放棄地が増えると景観を損ない,地域の活力低下を印象づける.また,病害虫の温床となり,地域全体にとっての問題ともなる.農地を集約するにしても,すべての農地で,手間のかかる作物の栽培を少数の若い農家に押しつけることは難しい.

エネルギー作物の中には,本書で取り扱っているエリアンサスのようにストレスに強く,肥沃度が低い土壌でも栽培できる作物がある.施肥や除草などの管理を最低限まで省き,省力栽培が可能である.また,湿害に強い性質もあるので,休耕田での栽培にも適している.

ただし,燃料やエネルギーは安く,原料バイオマスとなるエネルギー作物も単価は安いので,それだけで収益を上げることは難しい.バイオマスから産み出された燃料やエネルギーを,収益性の高い事業に用いるなどの工夫が必要となる.

12-2 エネルギー作物の試験栽培

a. 福島県いわき市での試験栽培

日本では，米の過剰生産を解消するために減反政策がとられ，意図的に水田の一部を休耕したり，食用米以外の作物を植え付けてきた．減反政策は，2018年に国の政策としては終了したが，実質的に継続されている地域は多い．

飼料稲や米粉はイネを水田で栽培して生産するが，ダイズなどの畑作物は，水田転換畑で栽培することが多い．この場合，湛水しないにせよ，地形や土質によっては排水が悪く，湿害が大きな問題となる．したがって，湿害に強く，省力栽培できるエネルギー作物があれば，余剰水田の利用に役立つことになる．

イネ科の多年生植物であるエリアンサスやジャイアントミスカンサス (*Miscanthus* × *giganteus*) は茎葉部が大きく，セルロース系バイオエタノール原料や，燃料ペレット，メタン発酵などの原料としての利用が考えられる．これらの作物を水田からの転換畑で栽培し，生育を調べる試験の1つが，福島県いわき市の農家水田で実施された[3]．東日本大震災の余震により亀裂と段差が生じたほか，灌排水が不良となり稲作ができない水田（図12.1）を転換畑として，エリアンサスとジャイアントミスカンサスが栽培された（図12.2）．この水田は重粘土壌で，キャベツなどの栽培を試みたが湿害で十分な生産ができなかった．またエリアンサスとジャイアントミスカンサスの定植と同時に，トウモロコシ（デント

図12.1　東日本大震災で被災した水田（写真：滝　正嗣）

図 12.2 被災水田で栽培したエリアンサス（左）とジャイアントミスカンサス（右）（写真：森田茂紀）NHK いわき支局の取材時．

コーン）も播種したが，湿害による生育不良で収穫できなかった．

1 年目のエリアンサスとジャイアントミスカンサスは正常に生育したものの，2 年目には，水田内でとくに水はけが悪く，酸化還元電位の低い場所では生育不良となり，とくにエリアンサスでは少数ながら枯死した株があった．第 7 章で述べたように，エリアンサスは晩秋から初冬にかけて根にデンプンやミネラルを貯蔵して，翌春の再生に利用している．このため，あまりに湿害が強く，根の一部が腐敗するような場合は越冬時の貯蔵が不十分となり，2 年目の生育が抑制されたと考えられる．

一方でジャイアントミスカンサスは，一部に生育不良はあったものの，2 年目の平均で 12 t/ha と，畑（果樹園跡地）で栽培した場合の 6 割ほどのバイオマスが得られた．エリアンサスは熱帯・亜熱帯の植物であるが，寒冷地への適応性も高い．同じいわき市の畑（果樹園跡地）で栽培したエリアンサスでは，2 年目に 16 t/ha のバイオマスが得られている．

b. 熊本県南阿蘇村での試験栽培

もう 1 件の栽培試験は，熊本県南阿蘇村の標高約 450 m にある水田で行われた．水田内を板で仕切って転換畑として，エリアンサス 7 系統と，ススキとオギの交雑系統とみられるミスカンサス類 3 系統（ジャイアントミスカンサス 1 系統を含む）が栽培された．阿蘇は年間降水量が約 4000 mm と雨が多く，また降雨後にはしばしば半日から 1 日程度土壌表面に水が溜まるが，黒ぼく土であるためか，湿害の症状はみられなかった．3 年目のバイオマス収量は，エリアンサスで 10〜30

t/ha，ミスカンサス類で 13〜16 t/ha であった．

　阿蘇では，冬はしばしば氷点下まで気温が下がるが，冬の間に枯死した株はなかった．ただし，暖地では4月から再生が始まるのに対して，阿蘇では新葉が出始めるのが5月の中旬以降と遅いため，生育期間が1ヶ月ほど短くなっており，その分，暖地よりも生育量が劣る可能性がある．

　栽培管理は，最初に耕起し園芸用のホーラーであけた穴に苗を植えたほかは，1年目の除草と，毎年冬に立ち枯れてからの収穫のみを行っている．肥料は無肥料で，2年目以降は周縁部の除草程度でよい．病害虫防除も行わない．極めて粗放的な栽培である．

　なお，エリアンサスは，九州北部より北では気温が足りず，種子ができても不稔となる．また，ジャイアントミスカンサスはススキとオギの交雑した三倍体であるために不稔であり，いずれの植物も，種子が飛んで周辺に外来雑草として拡がる可能性は小さい．ただし，ジャイアントミスカンサスは，地下茎により徐々に生育範囲を拡げていくので，注意が必要である．これら2種の栽培を終えるには，初夏に再生して新しい分げつを出した株にグリホサート剤などの除草剤をかければ枯らすことができる．

☼ 12-3　福島原発事故被災地での利用

a. 東日本大震災に伴う農業被害

　2011年3月の東日本大震災では福島第一原発の事故により，主にセシウム134およびセシウム137が放射性物質として撒き散らされた．とくに福島第一原発から20 km圏内と，風下の地域が甚大な被害を受け，避難指示区域の住民は，住み慣れた家から立ち退かなければならなかった．その後，除染が進んで帰宅可能になった地域もある一方で，今後も帰還の見通しが立たない帰還困難地域も残されている．

　田畑の被害も大きく，避難指示区域よりもさらに広大な地域で，汚染のために一時農産物を生産できなくなった．イネの場合，汚染の大きな地域では作付け自体が禁止され，栽培が認められた地域でも，セシウム134/137が1 kg当たり100 Bqを超えるものは出荷が禁止された．除染やカリウム肥料の投入などで，再び作付けできる地域が拡大した．福島県産の米は全袋調査によって安全を保障されているが，帰還困難地域のように，いまだに作付けの見通しの立たない地域も

残されている．

　また，帰宅が可能になった地域でも，帰還せずに移住する人，帰還はしても農業をやめてしまう人も少なくない．これは，少子高齢化や後継者不足，地域の過疎化という問題が震災前からあり，そうした問題が震災や原発事故を契機により顕在化し，その対応を前倒しで迫られているともいえよう．その意味で，福島における地域再生は，全国の地域再生のモデルになりうる．

b.　震災復興モデルの概要と課題

　エネルギー作物を用いた被災地の地域再生は，まだ試案の段階ではあるが，いくつかの具体的検討が始められている．一例としては，ゾーニングに基づく地域ごとの対応を提唱し，その中で，今後も放射能汚染により米づくりが難しい地域や，風評被害が懸念される地域では，被災水田においてエネルギー作物を栽培することが提言されており[4]，実際に福島県浪江町で検討されたのは，以下のようなモデルである（図12.3）．

　まず，米の生産・販売が可能な水田については稲作を再開する．水田の所有者が稲作を続ける意思がない場合や，放射能の問題で生産・販売が困難な水田にでは，エリアンサスなどのエネルギー作物を栽培する．そのエネルギー作物は燃料ペレットにして，同じ地域内の花卉の施設園芸で冬期の暖房に利用することで，

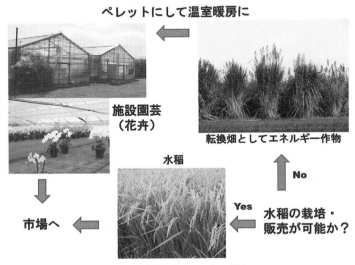

図12.3　原発事故被災地での水田利用モデル

花卉栽培のコストを削減する．花卉は食用作物より風評被害も小さく単価が高いので，花卉販売によって収益を得る．

このモデルを実現するには，①福島の気候と水田土壌でエリアンサスなどのエネルギー作物が省力・省コスト栽培で十分に生産できること，②エネルギー作物から燃料ペレットが製造でき，もしセシウム134などの放射性物質を微量ながらも含むとしても，安全に燃焼できること，③単価の高い花卉の施設栽培技術が地域内の農家に普及すること，の3点が条件となる．

c. エネルギー作物の実証栽培

まず①についての検討では，浪江町の除染前の水田（図12.4）を転換畑として，エリアンサスとジャイアントミスカンサスの試験栽培が行われた（図12.5）[1]．その結果，定植2年目におけるバイオマス収量は，エリアンサスでは33 t/ha，ジャ

図12.4 エネルギー作物の栽培を始める前の水田（写真：森田茂紀）
福島県浪江町の被災水田，放射能汚染のため稲作は不可．

図12.5 被災水田で栽培したエリアンサス（左）とジャイアントミスカンサス（右）
（2014年9月，写真：森田茂紀）

イアントミスカンサスでは14 t/ha あり，エリアンサスでは十分な収量が得られている．原料を乾燥させるコストを下げ，乾燥に伴う二酸化炭素排出量を減らすために冬枯れして水分含量が低下してから刈り取るが，ジャイアントミスカンサスは収穫前に強風で折れて失われた茎が多かった．

管理としては，除草した後，耕起はしないで園芸用ホーラーを用いてあけた穴に苗を定植し，無肥料で栽培された．1年目は夏期に3回ほど除草が行われたが，2年目以降は周縁部の除草しか行われていない．これら2種は2年目以降には草丈が大きくなるため，群落内では雑草の生育が抑制された．病害虫の防除も行わず，極めて省力・省コスト栽培が可能であった．

問題はイノシシ害で，とくに定植1年目は，苗の根もとをイノシシに掘り荒らされ，苗ごと掘り出されてしまう被害が目立った．これは，避難地域内でイノシシが増えていたせいでもあるが，ほかの中山間地の農業でもイノシシ害は多くみられる．エネルギー作物の栽培においても，1年目はイノシシ防除の電気柵の設置が望ましい．

d. バイオマスのペレット化

続いて②については，以前は木本の原料でないと燃料ペレットの製造は難しかったが，近年は草本のエリアンサスやジャイアントミスカンサスからも製造可能となっている（図12.6）．ただし，木本ペレットに比べて，灰が多く出るなどの欠点がある．

試験栽培でのエリアンサスとジャイアントミスカンサスの茎葉部において，放

図12.6 エリアンサスからつくったペレット（写真：森田茂紀）

射性物質（セシウム 134/137）の濃度を測ったところ，同じ水田転換畑内の雑草に比べて 1/5〜1/2 と小さく[1]，生わらの状態での濃度は，稲わらを家畜飼料として用いることのできる基準値の 100 Bq/kg よりも小さかった．加えてペレットボイラーには，放射性セシウムを含んだ灰を飛散させないためにフィルターを取り付けることも可能である．

このモデルはまだ実現されていないが，その後，詳細に経済的価値，社会的価値，環境価値（CO_2 排出削減価値額）から構成される事業価値が試算されており，より短い期間で事業価値をプラスにするために対象地域を近隣の自治体にまで広げ，また施設園芸だけではなく公共施設などでの熱利用まで拡大することなどが提案されている[7]（第 8 章参照）．

☼ 12-4 阿蘇におけるススキの利用

2016 年 4 月の熊本地震では，阿蘇地域の牧野も多くの被害を受けた[2]．道路の損壊などで，恒例の野焼きができない牧野も少なくない．ただし，これには，東日本大震災の被災地と同様に，現在の農業や中山間地が抱える問題が震災によって顕在化したという側面がある．

世界農業遺産に登録されている阿蘇の草原は，秋にはススキに覆われるが，春から夏にかけては多種多様な植物が姿を現す．畜産のためだけでなく，観光資源として，絶滅危惧種のハナシノブやオオルリシジミなどを含む植物や昆虫の生物多様性の面でも重要である．

こうした植生は，阿蘇のあか牛（褐毛和種）の飼育のために，春先に野焼きを行い，雑木林や照葉樹林に移行する二次遷移を止めていることで維持されてきた．近年は労力の大きい放牧や野草の刈取りをやめ，畜舎で人工飼料を用いて飼育する農家が主流となり，草原面積は縮小している．春の野焼きだけは，地域住民にボランティアも加わって何とか実施してきたが，秋に刈取りをしていない草原は，草丈の大きい枯れススキが多いため，炎が大きく危険な状態になってしまう．

このような状況をふまえて，阿蘇地域や世界農業遺産阿蘇の関係者の間では，簡便な放牧技術の開発・普及や，野草堆肥など畜産以外のススキ利用の拡大により，草原の活用を取り戻そうという動きがある．その中で，ススキをバイオマスエネルギーの原料として使うことで草原再生と地域振興に役立てようという案が，NPO 法人九州バイオマスフォーラムなどによって提言されている．ススキは自生

しており，エネルギー作物とはいいがたいが，野焼きという営みで保たれているという点では，半栽培の状態ともいえる．

具体的な利用方法としては，燃料ペレットのほか，メタン発酵で燃料ガスを生成して，そのガスで小型発電機を回して電力を供給するといったことが考えられている．その他，野草堆肥の発酵過程で出る熱を，ビニールハウスや温室の冬の暖房に利用するというアイデアがある．発酵熱だけですべての暖房を賄うことは難しいだろうが，ボイラーの重油使用量を減らす効果が期待される．ススキを原料とした野草堆肥は，施設園芸のトマトなどで病害を軽減することが熊本県の農家の間では経験則として広く知られており，熱利用後の堆肥には，十分な需要が見込める． 〔阿部　淳〕

文　　献

1) 阿部　淳他（2015）：第239回日本作物学会講演会要旨集，36.
2) 阿部　淳（2017）：有機農業をはじめよう！，**8**：174-175.
3) 土肥哲哉他（2013）：第235回日本作物学会講演会要旨集，116-117.
4) 森田茂紀・阿部　淳（2013）：農業および園芸，**88**(9)：895-900.
5) 農林水産省：農業労働力に関する統計．http://www.maff.go.jp/j/tokei/sihyo/data/08.html（2018年5月15日確認）
6) 農林水産省：バイオマスの活用の推進．http://www.maff.go.jp/j/shokusan/biomass/（2018年5月15日確認）
7) 高田圭祐他（2017）：第243回日本作物学会講演会要旨集，81.

第13章 エネルギー作物の持続可能性

☼ 13-1 エネルギー作物の課題

a. バイオ燃料への期待と懸念

バイオ燃料は再生産可能な植物バイオマスを原料としているため,化石燃料のように枯渇する懸念がない.また,燃焼時に大気中へ放出される二酸化炭素は,もともと植物が大気中から吸収したものなので,大気中の二酸化炭素を増加させないカーボンニュートラルなエネルギーとして期待されている.

バイオ燃料の多くは,サトウキビ,トウモロコシ,コムギ,キャッサバ等の食用作物を原料とするもので,第1世代バイオ燃料と呼ばれる.バイオ燃料の世界的な流行が遠因となって国際穀物価格が急騰すると,開発途上国において食料供給に支障が生じた.また,原料作物の栽培で利潤を得ようとする農家が,栽培面積を拡大するために希少な原生林を焼き払い,多量の二酸化炭素を大気中へ放出させた.そのため,食料を犠牲にして環境問題を引き起こしているとして,バイオ燃料は世界的に批判にさらされることとなった.

b. 第2世代バイオ燃料の原料

第1世代バイオ燃料に関わる食糧問題や環境問題を回避するために登場したのが,第2世代バイオ燃料である.これは,作物の収穫残渣,木材,草本植物のように,食料として利用しないセルロース系バイオマスを原料としている.第2世代バイオ燃料の製造工程では,セルロースの糖化を容易にするための前処理が必要になるなど,製造過程で消費エネルギーや二酸化炭素排出量が第1世代バイオ燃料より多いという問題を抱えている.最近,それらの問題を解決する技術が開発されるようになっており,第2世代バイオエタノールの産業化が多いに期待されている.

ただし,第2世代バイオ燃料には,原料供給の点で問題がある.バイオ燃料工

場を通年稼働させるには，原料を周年供給する体制が必要である．その点，木材は賦存量が多いので周年供給が可能であるが，輸送時の消費エネルギーと二酸化炭素排出量が多くなる．作物残渣は，供給が作物の収穫時期に集中することに加えて，供給量も限定的である．供給量を増やすために遠方からも輸送すればエネルギーを消費して，二酸化炭素を排出する．自生する草本植物は，作物残渣と同様に供給時期が偏ることに加えて，気象条件の変動で毎年一定量の原料を確保することが難しい．

c. セルロース系原料作物の栽培

そこで，原料バイオマスを生産する草本植物を目的栽培し，原料として利用することで，エネルギー消費量と二酸化炭素排出量を抑制しながら，持続的に必要量の原料を確保するシステムが模索されている．新エネルギー・産業技術総合開発機構（NEDO）の「セルロース系エタノール革新的生産システム開発事業」もその1つで，本書の筆者の多くが原料作物の栽培研究を担当した．本事業では，多年生イネ科草本植物のエリアンサスとネピアグラスを原料作物として選抜し，主に前者を日本国内で，後者をインドネシアで栽培することが提案された．

しかし，非食用草本植物をバイオ燃料の原料として栽培するだけでは，第1世代バイオ燃料の抱える食料問題や環境問題を完全に回避できるわけではない．食用作物が栽培されていた農地に原料とする草本植物を栽培すれば，間接的に食料を犠牲にして燃料を生産することになるからである．

第2世代バイオ燃料が登場した背景を考慮すれば，非食用の草本植物を原料にするだけでなく，その原料作物を非農地や未利用地で栽培して初めて目的が達成される．このように，原料作物を栽培する際には，「何を栽培するのか？（原料作物の植物種）」と「どこで栽培するのか？（原料作物の栽培候補地）」という2つの課題が密接に関係しており，両課題を同時に解決することが重要になる．

非食用の草本植物には自然植生に由来するものも多く，いずれにしても栽培技術に関する情報がほとんどない．また，選抜された草本植物は多年生である．したがって，「どのように栽培するのか？（原料作物の栽培技術）」という課題を解決して，多年生草本植物の栽培技術を確立する必要がある．

d. エネルギー作物栽培に特有の課題

一年生作物は，収穫した可食部分以外の残渣は土壌中に鋤き込むことが多い．土壌に還元された有機物は土壌微生物によって分解されて，有機物に含まれる窒素，リン，硫黄などが作物に再利用される．

多量の有機物を土壌へ還元すると，作物の利用できる無機態窒素が不足する窒素飢餓が短期的に発生するものの，長期的には有機物の分解が進んで有機態窒素が無機化され，作物の生育が促進される．また，有機物は正負に帯電する部分をもつようになるため，植物の栄養となるイオンを保持し，土壌 pH の劇的な変化を緩衝する作用を発揮する．さらに，土壌粒子を接着して団粒化を促進するため，水分保持能を高めると同時に通気性や排水性も上がる．

それに対して原料作物栽培では，地上部全量が収穫されて原料に利用されるため，地上部残渣が土壌へ還元されない．また，多年生の草本植物を利用するため，圃場内には常に植物が生育しており，多量の有機物（堆肥）を投入して土壌に鋤き込むことも難しい．

原料作物の栽培では，地上部バイオマス全量を利用するため土壌劣化が予想され，栽培の持続性を担保できるか懸念される．ブラジルのサトウキビ栽培において，長期間にわたって地上部残渣を土壌へ還元しなかった場合に土壌肥沃度が低下した事例も報告されている．

e. 地下部への炭素の供給

植物は生育過程で，地上部と比較しても無視できない量の炭素を地下部（根や地下茎）に転流させる．地下部へ転流された炭素は，根の形成と呼吸で消費されるだけではなく，有機物として根近傍の土壌（根圏）へ滲出される．根圏に滲出した有機物は根圏微生物の呼吸で消費され，その残りが土壌有機炭素として蓄積していく．また植物の根は，生育期間中に枯死して土壌中へ脱落する．脱落根もやがて土壌微生物の呼吸で消費され，その残りが土壌有機炭素として蓄積していく．

原料作物として選抜された草本植物が，低分子の有機物や脱落根として多量の炭素を土壌へ投入しているので，その炭素量が土壌の生産性を維持するのに十分であれば，堆肥などの有機物を投入する必要はなくなる．また，何らかの耕種技術が開発されて，地上部バイオマス量を維持しながら地下部への炭素転流量を増加させることができれば，土壌劣化の問題を回避できる可能性もある．したがって，原料作物として選抜された草本植物がどのくらいの炭素を地下部に転流しているか，またその炭素が根系形成，根呼吸，根滲出物，微生物呼吸，土壌有機物などにどれくらい分配されるかを把握することは，栽培体系の持続性を確立していくために非常に重要である．

根の研究が進んでいる一年生の食用作物では，地下部への炭素転流に関して数

多くの報告があるが，どのような形で使われていくかという定量的な分配については不明な点が多い．これは，畑や水田に生育する植物体で地下部へ転流された炭素を用途別に定量することが，技術的に難しいからである．ただし，炭素の放射性同位元素で標識した二酸化炭素を一年生作物の地上部へ供与し，地下部への転流を追跡するトレーサー実験がいくつか報告されている．

表 13.1 は，このようなトレーサー実験に基づいて算出されたコムギ，オオムギ，トウモロコシの地下部における炭素分配割合を示している．報告によって数値に幅はあるが，平均するとコムギとオオムギでは光合成で獲得した炭素のうち，それぞれ約 26% と約 17% が地下部へ転流される．地下部へ転流された炭素量のうち約 50% が根系形成に利用され，約 30% が根と微生物の呼吸で消費され，約 20% が土壌有機炭素として蓄積される．

またトウモロコシでは，固定した炭素量のうち 49% が地下部へ転流し，そのうち 28%（地下部へ転流された炭素量のうち約 57%）が根系形成に，16%（同約 33%）が二酸化炭素として放出され，5%（同約 10%）が土壌に蓄積される．ほかの植物の報告と合わせて考えると，現時点では，地下部へ転流された炭素のうち，おおよそ 45～55% が根系形成に利用され，10～25% が根滲出物を通じて土壌に蓄積すると考えられる．

ただし，地下部へ転流する炭素量は様々な要因で変化するため，土壌有機物として分配される炭素の割合も変わる可能性がある．たとえば，施肥すると，地下部への炭素の転流量が減少することが報告されている．また，一年生草本よりも多年生草本の方が，地下部への炭素転流量が多い．さらに，植物体が傷つくと，一時的に根滲出物の量が増加する．根滲出物は，根圏微生物の活性を高めるプライミング効果をもち，微生物の呼吸による炭素消費を促進する一方，微生物活性を抑制する物質を含む場合もある．

トレーサー実験で算出された「根系形成に利用された炭素量」は，その時点で

表 13.1 作物別の光合成産物の転流割合

		コムギ	オオムギ	トウモロコシ
	地上部	74%	83%	51%
	地下部	26%	17%	49%
地下部の内訳	根系形成	50%		57%
	呼吸（根+微生物）	30%		33%
	土壌有機物	20%		10%

現存していた根に含まれる炭素量を示している．しかし，根は生育期間中に次々と枯死していくため，枯死したものを含んだ全根量は，現存量の2～4倍になると報告されている．したがって，根の形成に利用された炭素がやがて土壌有機炭素として蓄積される量を把握するためには，現存量だけなく，全根量を測定する必要がある．

こういったことから，前述のNEDO事業では，原料作物栽培の持続性を検討する基礎的情報を得るために，エリアンサスとネピアグラスの根系調査が精力的に行われた．

☀ 13-2 エネルギー作物の根系

a. 根系の分布

NEDO事業で原料作物として選定したエリアンサスとネピアグラスは，いずれも土層表層で多量の根を発達させながら，同時にかなり深い土層まで広げる分布を示す．図13.1は，東京都西東京市で栽培したエリアンサスおよびネピアグラスの根系分布を示している．エリアンサスは深さ0～0.6 mに，またネピアグラスは0～0.2 mに，集中的に根を発達させている．また両種とも，深さ2.6 mまで根系を発達させており，インドネシア・ランプン州で両種を栽培した場合も，同様の根系分布を示した．

表13.2に，様々な作物種で報告されている根の深さ指数を示す．根の深さ指数は，深さ別根長を用いて計算した根の深さの重心を示す値で，根の分布の深さを

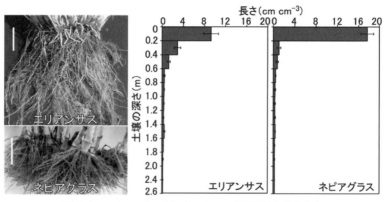

図13.1 エリアンサスとネピアグラスの根系形態と根系分布

13-2 エネルギー作物の根系

表 13.2 根の深さ指数の比較

植物	根の深さ指数 (m)	調査深度 (m)	分類
サトウキビ	0.16〜0.27	0.5〜1.0	単子葉
サトウキビ	0.16〜0.36	1.0〜2.0	単子葉
イネ	0.17	0.8	単子葉
ソルガム	0.19	1.4	単子葉
コムギ	0.26	1.8	単子葉
トウモロコシ	0.27〜0.29	1.5	単子葉
ネピアグラス	0.24〜0.73	2.0	単子葉
セイヨウアブラナ	0.34	1.8	双子葉
エリアンサス	0.34〜0.79	2.0	単子葉
ワタ	0.66〜1.2	1.8	双子葉
ダイズ	0.75	1.8	双子葉

比較するのによく利用される．植物の根が1本でも到達している最大の深さ（到達深度）を比較するのではなく，根系の各土層における分布も考慮して，深さを定量的に示すのに便利な指標である．これをみると，エリアンサスとネピアグラスの根の深さは，単子葉作物と双子葉作物の中間に位置することがわかる．

図 13.2 は，単子葉植物と双子葉植物の典型的な根系の形である．単子葉植物のひげ根型根系は，相対的に水平方向へ拡大するような形のため，浅い層に多くの根が集中しやすい．一方で双子葉植物の主根型（魚骨型）根系は，相対的に垂直方向へ拡大する形で，土壌深層まで到達しやすい．

エリアンサスとネピアグラスはひげ根型根系を形成するため，浅根性と考えら

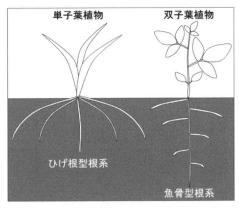

図 13.2 ひげ根型根系と主根型（魚骨型）根系

れがちである．とくにネピアグラスは，表層土壌にマット状に発達した根群（ルートマット）を形成するため（図13.1），浅根性植物とする報告が多かった．しかし，表13.2で示したように，実際には両種の根系は単子葉植物よりも深く，双子葉植物よりもやや浅いことがわかっている．

b. 根 量

エリアンサスとネピアグラス根系は，広い根域をもつため，単位面積当たりの根量，すなわち根の現存量が多い．表13.3では，開発事業において計測されたエリアンサスとネピアグラスの根重と根長を，主要作物で報告されている最大値と比較した．

コムギの根重，ソルガムの根長，セイヨウアブラナの根長は大きな値を示し，エリアンサスとネピアグラスの値に比較的近かったが，エリアンサスとネピアグラスの根量は概して主要作物よりも大きい値を示している．根重については，エリアンサスが主要作物の2.4～33.3倍，ネピアグラスが1.3～17.6倍，根長は，エリアンサスが1.3～18.8倍，ネピアグラスが1.5～22.9倍であった．

表13.4は，西東京市で栽培したエリアンサス（植付け3年目）について，土壌表層0.3mにおける根の形成量と枯死量を推定した結果である．エリアンサスで

表13.3 作物別の単位面積当たりの根重と根長

植物	根重 (g/m^2)	根長 (km/m^2)
ジャガイモ	26	8.7
ヒヨコマメ	45	4.5
ダイズ	58	5.5
トウジンビエ	63	4.2
サトウダイコン	76	9.7
水稲	86	20.7
ソラマメ	98	2.9
オオムギ	98	5.3
ソルガム	100	26.5
ラッカセイ	103	12.1
冬コムギ	105	23.5
キマメ	145	1.9
サトウキビ	158	14.6
トウモロコシ	160	15.1
セイヨウアブラナ	163	28.3
ネピアグラス	183～448	15.6～43.6
コムギ	350	18.4
エリアンサス	384～850	28.8～35.8

表 13.4 エリアンサスの根の形成と脱落

地上部バイオマス	現存根量		新規形成根量	脱落根量
	2013 年 4 月	2014 年 1 月		
1945 g/m^2	385 g/m^2	564 g/m^2	342 g/m^2	163 g/m^2

は，春から冬にかけて多量の根が土壌中へ脱落する一方で，それを上回る量の根が新たに生産されるため，多量の現存根が残る．

この調査で，深さ 0.3 m の土層のみを対象にしたのは，技術的な限界もあるが，ここに多くの根量が分布するからである．しかし，エリアンサスでは少なくとも深さ 2.6 m まで根が分布しているので，土壌全層に発達したエリアンサス根系を対象にすれば，当然，これ以上の脱落根が発生していることになる．

c. エネルギー作物栽培の持続性と将来

バイオ燃料は再生可能エネルギーとして持続可能な社会の構築に貢献すると期待されている一方で，食料を犠牲にして燃料を生産する体制が批判を受けている．そこで，食用作物を原料とする第 1 世代バイオエタノールから，セルロース系バイオマスを原料とする第 2 世代バイオ燃料への転換が急がれている．

その場合，第 2 世代バイオ燃料の産業化には，安定的な原料供給体制の構築が極めて重要な課題である．原料作物の栽培では，食用作物の栽培と異なり，地上部バイオマス全量を収穫して原料にするため，土壌に還元される有機物が極端に少なくなり，それが原因で土壌の肥沃度や水分保持能が低下する可能性が指摘されている．

しかし，原料作物では食用作物を大きく上回る地下部が形成され，その一部が脱落根などを通じて土壌へ還元されている．また，大きな地下部から根圏へ多量の有機物が滲出している．したがって，コスト，エネルギー消費，二酸化炭素の排出量を抑制しながら土壌生産性を維持できるかもしれない．そのためにも，原料作物における地下部バイオマスの生産や分配の実態解明が急がれる．

〔関谷信人〕

文　献

1) 森田茂紀他（2013a）：根の研究，**22**(1)：9-17.
2) 森田茂紀他（2013b）：根の研究，**22**(3)：111-118.
3) 関谷信人他（2015）：根の研究，**24**(1)：11-22.

第14章　バイオマスエネルギーの社会学

☀ 14-1　バイオ燃料導入の動き

　2007年1月23日に出されたブッシュ大統領の一般教書演説を1つの頂点として，バイオ燃料が世界的に注目を集めた．同時期は，地球規模で急激な食料価格の高騰が問題となっていた．食料価格の急激な高騰は，貧困層を中心に深刻な影響を及ぼすに至り，世界各国家・地域で暴動が発生するなどし，緊急の対応に迫られたのである．

　食料価格の急激な高騰の原因としては，BRICsと呼ばれたブラジル，ロシア，インド，中国やエマージング・エコノミーズと呼ばれる新興国の経済発展に伴った食料需要の増大や変化，石油価格高騰により利益を得たオイルマネー，あるいはアメリカのサブプライムローン問題による住宅投資に向けられていた資金の商品先物市場への流入，それに加えてサトウキビや穀物等を利用するバイオ燃料生産であるとされた．とりわけバイオ燃料は，食料，中でも穀物生産と競合し，商品先物市場への資金の流入とともに食料価格急騰の主要因であるとされた．

　BRICsや新興国の経済発展に伴った食料需要の変化は，人口の増大および後発の開発途上国の経済発展ともあいまって，世界の食料需給に構造的変化をもたらすことが予測され，バイオ燃料生産の食料生産に与える影響や，商品先物市場への資金の流入は，食料・農産物市場の不安定化要因と考えられた．また，バイオ燃料は，主に輸送用液体燃料との代替が想定されていたため，農産物市場とエネルギー市場とをリンクさせ，さらに食料・農産物市場を不安定化させることとなった．

　当時，バイオ燃料を導入しようとした背景には，バイオ燃料の利用によって地球温暖化を緩和するという考え方もあった．これは，植物由来のバイオ燃料の生産と利用が，後述のようにカーボンニュートラルであると考えられていたことに

由来する.しかしながら,その後,その特性を含め,様々な側面に疑義が生じるとともに,地球温暖化対策の1つというよりは,エネルギー政策とリンクした農業政策の側面が強くなっていった.

14-2 バイオ燃料導入の背景

a. 第1世代バイオ燃料

現在,使用されている主なバイオ燃料には,バイオエタノール(bioethanol)とバイオディーゼル(biodiesel)の2つがある.

バイオエタノールの多くは,サトウキビ,テンサイなどの糖質系原料作物を発酵・蒸留・脱水するか,トウモロコシ,コムギなどの穀類やキャッサバなどのイモ類のデンプン系原料作物を糖化・発酵・蒸留・脱水することで生成される.イネやスイートソルガム,グレーンソルガムといったイネ科の飼料作物からも生成されている[1,11].

これらの食用作物や飼料作物を原料として製造するものは,第1世代バイオ燃料と呼ばれている[11].また第1世代バイオディーゼルは,牛脂,豚脂などの動物性油脂およびアブラヤシ(パーム油)・アブラナ(ナタネ油)・ダイズ(ダイズ油)・ヒマワリ(ヒマワリ油)などの植物性油脂から生産される[8,11].

バイオ燃料には,以下のような性質がある.

b. カーボンニュートラル(carbon neutral)

植物は生育のために行う光合成の原料として二酸化炭素(CO_2)を吸収する.そのため,バイオ燃料を燃焼させた場合に排出される二酸化炭素排出量は,生育過程において吸収した二酸化炭素吸収量で相殺されると考えられている.

すなわち,化石燃料の燃焼で放出される温室効果ガスの1つである二酸化炭素が,バイオ燃料の燃焼では実質的に排出されないため,地球温暖化対策の1つとして考えることができるというものである.2007年当時,世界規模でバイオ燃料の導入が進展した最も大きな理由の1つとして,このカーボンニュートラルという特性をあげることができる.

c. 再生可能燃料

再生可能エネルギーは,風力あるいは太陽エネルギーなどのように,常に補充されて枯渇することのないエネルギーである[10].バイオ燃料は植物由来であるため,生育が阻害されないかぎりにおいては,枯渇することはなく,再生可能燃料

と考えられる．化石燃料のような枯渇性資源の代替として，エネルギー安全保障に寄与することが期待される．

d. 大気汚染防止

エタノールは酸素を含むため，これをガソリンに添加することで含酸素ガソリンとなり，不完全燃焼の抑制につながることが指摘されている．そのため，バイオエタノールをガソリンに添加すると，一酸化炭素（CO）の排出抑制につながる．

また，IEA（International Energy Agency）は，バイオエタノールをガソリンに添加することで，CO 以外に，炭化水素（HC），粒子状物質（PM）の削減効果があるとしている[3]．バイオディーゼルの大気汚染防止効果については，アメリカ環境保護局（EPA, Environmental Protection Agency）によると，窒素酸化物（NO_x）は増加するものの，CO，HC，PM は減少するとされている[14]．

e. エネルギー安全保障への寄与

バイオ燃料は，自国の供給できる原料作物で生産できる場合，エネルギー自給率の向上に寄与する．また，化石燃料のような地域的偏在がなく，石油のような地政学的リスクを回避することができるため，輸入した場合でもエネルギー安全保障に寄与すると考えられる．

f. 農業・農村振興

バイオ燃料生産により農産物に関する新たな市場が創出され，農家純収入の増加，雇用の創出，開発途上国の農産物輸出機会の増大などが期待される[6,7]．

g. バイオ燃料に関する情勢

バイオ燃料は，以上のような特性をもつため，各国，各地域でその導入が図られた．しかし，当時のバイオ燃料の導入は，これらの特性のみで完結するものではなかった．もう1つの大きな背景として原油価格の高騰があり，原油の代替として，とくに輸送用燃料としてのバイオ燃料の相対価格が低下し需要が増大した．

人為起源の地球温暖化，すなわち温室効果ガスの地球温暖化への影響に関してコンセンサスが得られ始め，世界的対応の必要性が認識されたことを反映して，上記のb〜d項のような環境影響への配慮の視点が重要な位置を占めていた．しかし，これらに対する懐疑論や，その後の農業やエネルギーを巡る環境変化により，徐々にバイオ燃料に関する情勢は変化していった．

14-3 バイオ燃料生産の現状

　表14.1は，世界の主要なバイオ燃料生産国別にデータを整理したものである．バイオエタノールだけの統計がないため，エタノール全体の値である（バイオディーゼルは，独立した統計がある）．この表からわかるように，エタノールの主要生産国は，アメリカとブラジルである．EU諸国，中国の生産も少なくないが，アメリカとブラジルで世界全体のほとんどを占めている．

a. バイオエタノール

　ブラジルのバイオエタノールは，サトウキビを原料とする．同国のバイオエタノールに関わる政策の歴史は古く，1930年代には国家主導によるサトウキビ由来のエタノール生産が行われていた．その後，1973年のオイルショックを契機にしてエネルギー政策が見直され，バイオエタノールの給油スタンドの設置や，ガソリンへの無水エタノールの添加，含水エタノール100%で走行可能な車両の開発など，バイオエタノール利用の積極的な補助政策がとられた．

　しかし，これらの政策は，砂糖の国際市場価格や，原油価格の影響を受けることとなった．1990年代の原油価格の下落，砂糖の国際市場価格の上昇により，サトウキビ由来のエタノール生産は，経済的合理性を失うこととなった．これによりエタノールは供給不足となり，国民のエタノール車離れが生じた．その後，2000年代の原油価格の高騰により再び，バイオエタノールが脚光を浴びることとなる．

　過去の苦い経験があったものの，いわゆるフレックス燃料車（FFV, flexible fuel vehicle）の登場が，同国におけるバイオエタノール関連施策を再び後押しすることとなった．フレックス燃料車とは，ガソリンとエタノールを任意に混合させても走行可能な車両である．ブラジルではほとんどの車両がフレックス燃料車となり，砂糖の国際市場価格や原油価格の変動にも対応することが可能となった．

　これに対して，アメリカのバイオエタノール生産は主にトウモロコシ由来であり，長期的に低落傾向にあるトウモロコシ価格に対応した農業政策の側面が強いとされる．

b. バイオディーゼル

　バイオディーゼルの生産は，アメリカやブラジル，アルゼンチン，インドネシアなどでも行われているが，EU諸国が大きなシェアを占めている．アルゼンチ

表 14.1a　世界のエタノール生産

国	生産量 (MN L) 2010〜2012平均	生産量 (MN L) 2022	成長率 (%) 2013〜2022	国内使用 (MN L) 2010〜2012平均	国内使用 (MN L) 2022	成長率 (%) 2013〜2022	燃料としての使用 (MN L) 2010〜2012平均	燃料としての使用 (MN L) 2022	成長率 (%) 2013〜2022	ガソリン型の燃料のシェア 2010〜2012平均	ガソリン型の燃料のシェア 2022	エネルギーのシェア 2010〜2012平均	エネルギーのシェア 2022	純輸出量 (MN L) 2010〜2012平均	純輸出量 (MN L) 2022
カナダ	1572	1474	-0.85	1920	2202	0.20	1920	2202	0.20	3.2	3.5	4.7	5.1	-349	-729
アメリカ	47906	79997	3.79	46383	87773	4.39	44216	85393	4.51	5.8	10.9	8.4	15.5	1624	-7874
(うち第2世代)	37	16353													
EU	6554	12261	6.76	8243	16098	7.18	5683	13803	8.99	3.1	8.1	4.5	11.7	-1689	-3837
(うち第2世代)	42	425													
オーストラリア	349	427	-0.71	372	453	-0.67	372	453	-0.67	1.3	1.6	2.0	2.4	-23	-26
日本	101	101	0.15	950	1551	4.61	350	966	8.84	0.0	0.0	0.0	0.0	-877	-1450
(うち第2世代)	79	78													
南アフリカ	367	319	-1.19	190	199	0.08		6	1.02					177	121
モザンビーク	36	72	6.94	34	45	2.35	2	15	8.60					2	27
タンザニア	34	42	2.92	43	50	2.89	3	19	9.69					-9	-8
アルゼンチン	355	1015	8.04	512	1154	7.62	344	980	9.76	3.4	6.6	5.0	9.6	-157	-139
ブラジル	25373	47376	5.10	23549	35558	4.23	21886	33642	4.45	46.4	56.8	56.2	66.2	1823	11818
コロンビア	352	598	3.63	409	603	2.55	342	539	2.89					-58	-5
メキシコ	210	252	0.99	342	404	0.99	0	0		0.0	0.0	0.0	0.0	-132	-151
ペルー	181	402	3.15	90	193	2.99	70	173	3.35					90	209
中国	8643	10531	1.83	8566	10090	0.96	2133	3890	3.72	1.5	1.8	2.2	2.7	77	441
インド	2258	2971	2.41	2294	3057	2.62	262	964	11.65					-36	-86
インドネシア	193	260	2.96	156	225	2.26	31	95	6.08					38	35
マレーシア	89	96	0.16	91	96	0.11	0	0	4.93					-2	-1
フィリピン	129	269	5.57	425	547	0.68	230	362	1.00					-297	-279
タイ	781	1461	4.28	640	958	3.83	461	783	4.90					141	502
トルコ	84	130	3.37	123	143	1.29	50	68	2.78					-39	-13
ベトナム	345	690	2.77	257	437	2.12	94	264	3.72					88	253
計	100130	167391	4.10	99776	167293	4.12	79051	145202	4.77	6.2	10.7	9.0	15.2	3749	12259

14-3 バイオ燃料生産の現状

表 14.1b 世界のバイオディーゼル生産

	生産量 (ML) 2010~2012平均	生産量 2022	成長率 (%) 2013~2022	国内使用 (ML) 2010~2012平均	国内使用 2022	成長率 (%) 2013~2022	ディーゼル型の燃料としての使用シェア エネルギーのシェア 2010~2012平均	エネルギーのシェア 2022	量のシェア 2010~2012平均	量のシェア 2022	純輸出量 (ML) 2010~2012平均	純輸出量 2022
カナダ	248	346	-3.91	319	665	0.43	0.9	1.8	1.1	2.3	-71	-318
アメリカ	3721	6267	1.65	3477	6158	1.76	1.4	2.2	1.8	2.7	244	109
EU	10707	18282	6.28	13430	20530	5.03	5.2	7.4	6.5	9.1	-2723	-2248
(うち第2世代)	52	225										
オーストラリア	649	734	1.10	649	734	1.10	2.9	2.4	3.6	3.0	0	0
南アフリカ	72	98	2.38	72	98	2.38					0	0
モザンビーク	66	84	0.78	9	49	5.81					57	36
タンザニア	61	96	4.29	0	58	119.70					61	38
アルゼンチン	2524	3451	2.01	784	1467	2.98	5.6	8.4	7.0	10.3	1740	1984
ブラジル	2599	3337	2.85	2603	3278	2.70	4.9	4.6	6.0	5.7	-4	59
コロンビア	537	926	3.54	537	925	3.55					0	1
ペルー	68	105	1.68	213	316	2.64					-145	-211
インド	276	776	9.15	347	1205	10.54					-71	-429
インドネシア	1353	2279	3.70	341	1432	10.10					1012	847
マレーシア	125	783	13.64	50	650	14.82					75	133
フィリピン	142	378	9.43	142	378	9.43					0	0
タイ	706	1465	4.93	706	1465	4.93					0	0
トルコ	11	17	2.73	11	17	2.73					0	0
ベトナム	18	103	11.18	18	103	11.21					0	0
計	24011	40620	4.46	23837	40620	4.46	3.0	4.0	3.7	4.9	2029	2152

ン，インドネシアなどが純輸出でプラスであるのに対して，EU諸国は生産量も多いが，利用量がさらに多いため差し引きではマイナスとなっている．

アルゼンチンおよびインドネシアは，EU諸国向け輸出で台頭してきたといえるが，アルゼンチンはダイズを原料とするのに対し，インドネシアはパームヤシを原料とする．両国とも原料作物は異なるものの，それぞれの作物の生産振興にその主眼を置いてきたといえる．

アルゼンチンはダイズの生産振興策の1つとしてバイオディーゼル政策を位置づけ，そのための工場建設を奨励した．しかし，国内資本はこれに反応せず，いわゆる穀物メジャーがバイオディーゼル工場を建設し，EU向けのバイオディーゼル輸出を行っている．また，合わせて国内自動車燃料へのバイオディーゼルの添加を義務付けるなどの政策も導入した．

インドネシアは，マレーシアと1，2位を争う世界最大のパーム油の生産国である．2015/16年の生産量はインドネシアが3500万t，またマレーシアが1900万tで，両国を合わせると世界全体のパーム油生産量の約85％を占めている．インドネシアでは，2006年の大統領令第5号・国家エネルギー政策の中にバイオ燃料を明確に位置付けている．その役割として，国家のエネルギー安全保障への貢献，環境対策，経済成長への貢献が期待されている．また，同第10号に基づき，国家バイオ燃料委員会が設置され，その下で2025年までの「バイオ燃料開発計画」が策定されるなど，インドネシアは国家をあげてバイオディーゼルの振興を行っている．

c. バイオ燃料の問題点

バイオエタノールおよびバイオディーゼルのいずれも，14-2節であげたような特性をもつため，導入当初はそれが高らかに謳われることが多いが，実際に最も大きな理由は，その国の農業振興策である．しかし，原油価格の低落や，製造コスト削減の難しさから，期待されたほどの効果が得られない場合が多い．

バイオ燃料の振興には食料との競合の懸念がつきまとう．一方で，これまで述べてきたようにバイオ燃料価格は，その代替財としての性質から原油市場の影響を受ける．その結果，バイオ燃料生産を通じて，農産物市場は原油市場とのリンクを強めることとなった．図14.1は，エネルギー価格指数と名目・実質食物価格指数の推移を示したものである（2000年を基準とする）．これをみると，2000年代初頭以降，エネルギー価格指数の急激な上昇と，それに軌を同じくするように食料価格指数が上昇しているのがわかる．これは新たな農産物市場の不安定要因

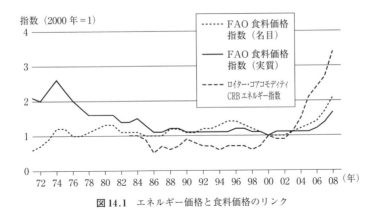

図 14.1 エネルギー価格と食料価格のリンク

の1つとなっている.

14-4 バイオ燃料の特性と疑問

先にあげたバイオ燃料の特性については,導入促進の背景となった直後から疑問が呈されている.

a. バイオ燃料のエネルギー収支

バイオ燃料がカーボンニュートラルであるとみなされることは先に述べたとおりであるが,そのためには,バイオ燃料の生産プロセス全体,いわゆるライフ・サイクルを考慮しなければならない.これには,バイオ燃料の原料として作物を栽培する際のエネルギー投入も含まれる.

トウモロコシからエタノールを生成する場合,投入11項目のほか,産出物エタノールとDDGS (distiller's dry grain solubles) を生産物として,エネルギー収支が計測されており[4],また同様の5つの既存研究との比較も行われている.すべての研究について,投入物および産出物が異なっているため単純な比較はできないが,検討した6研究のうち4つは,投入されたエネルギー量よりも生産されるエネルギー量の方が多いという結果であった.これに対して,残りの2つの研究では逆の結果が得られている.

以上のように,バイオ燃料生産をライフ・サイクルの観点からみた場合,明確な結論は得られていない.この要因としては,投入エネルギーの範囲の問題(たとえば,農業資本などの場合,どの程度の割合がバイオ燃料作物生産に使用され

ているのかを限定するのが難しい）と，何をバイオ燃料生産に関する投入とするかのコンセンサスが得られていないことが指摘されている．

b. バイオ燃料と土壌炭素

バイオ燃料生産に関するエネルギー収支については，明確な結論は得られにくいものの，バイオ燃料の原料作物の栽培で土壌中に貯留されていた炭素が放出されることになることが指摘されている[13]．この土壌炭素の放出を考慮すると，バイオ燃料の生産は，決してカーボンニュートラルの特性を有しているとはいいがたい．

また，バイオ燃料の需要増大により，生産者にはほかの作物からバイオ燃料原料作物へ転換するインセンティブが働き，実際それらの作付面積が拡大する．これは，結果的に土地生産性の低下，土壌侵食（水・風食），生物多様性の喪失につながる．

このように，バイオ燃料の原料作物の栽培を外延的に拡大することは，土壌炭素の放出によって，バイオ燃料導入の最大の理由であるはずの温室効果ガス削減に貢献しないだけでなく，土地生産性の低下および生物多様性の減少によって農業生産に悪影響を与える可能性が高い[5]．また，経済的インセンティブに基づいた農業生産の増加は，化学肥料・農薬の多投入につながることが指摘されており，バイオ燃料の需要の増大による価格上昇に起因したバイオ燃料原料作物の増加も，結果として生態系・水系への悪影響を生じさせることが推測される[2, 12]．

c. 第2世代バイオ燃料の問題点

バイオ燃料生産の食料需給に与える影響を考えるなら，いわゆる第2世代バイオ燃料が緩和策として期待される．第2世代バイオ燃料は，リグノセルロース系バイオマス（lignocellulosic biomass）から生成されるものである．リグノセルロースとは，植物の子実（可食部分）を除いた，葉や茎の細胞壁の主成分であり，主にセルロース，ヘミセルロース，リグニンからなる．

第2世代バイオ燃料の製造技術は，原理的には実証されているものの，事業化のレベルでは確立されているとはいえない．ただし，作物の可食部分以外や農業残渣を使用することができ，食料との競合が避けられることからその導入が期待されている．また，バイオ燃料の原料にできる植物の部位が多いことから，第1世代バイオ燃料よりも第2世代バイオ燃料の方が，多くのバイオ燃料を生産できると予測されている[12, 13]．

以上のように，導入普及が期待される第2世代バイオ燃料であるが，その生産

増加による地球環境への影響に関しては，第1世代バイオ燃料と同じことが懸念される．すなわち，経済的インセンティブに基づく生産増加による，土壌炭素の放出，土地生産性の低下，化学肥料・農薬の多投入による環境悪化等は避けられない．またトウモロコシ，コムギ，イネの茎葉部は，土壌に鋤き込むことで地力や土壌炭素の維持・増大に貢献することから，第2世代バイオ燃料の導入普及はこれに反する可能性がある．

d. エリアンサスのポテンシャル

ただし，バイオ燃料の原料となるエネルギー作物については，可能性が否定されたわけではない．これまで述べてきたバイオ燃料に関する状況やその背景は，これまでの経緯をふまえたものである．しかし，セルロース系エネルギー作物は種類が多く，品種改良の必要性や，潜在的な資源作物の開発も可能性が期待できる．

本書で中心的に取り上げているエリアンサスというエネルギー作物は，多年生作物である点でこれまでのエネルギー作物と異なっている．また，最終的に非農地での栽培を目指しており，鉱山跡地や工場跡地での試験栽培に成功しているし，このような場所ではエリアンサスの栽培によって土壌炭素量が経年的に増加していることも認められている．エリアンサスは無肥料で栽培できるし，病害虫がつかないので農薬も使用しないですむ．したがって，すでに解説した問題や懸念についても新たな目で見直してみる価値がある．とくに，次節で展望する農業振興・地域振興における利用での可能性は，震災復興支援を含めて可能性が高いと考えられる．

表14.2は，各国のバイオ燃料政策について比較したものである．各国とも，バイオ燃料をガソリンあるいはディーゼル・オイルに添加するものとして，その目標割合を設定している．また，製造過程における懸念に対応するための持続可能性基準を設定している．バイオ燃料政策は，これまで述べてきたように，農業を中心とする産業政策の側面が強く，さらに原油市場の影響を受ける．このため，持続可能性基準はあげつつも，先に示したようなバイオ燃料を巡る懸念も，それらに伴って現実のものとなりうる．

表 14.2 各国のバイオ燃料政策の比較[9]

国・地域	バイオ燃料に関する導入量目標・対象	導入形式	導入実績	今後の見通し	持続可能性基準	日本への供給可能性	次世代バイオ燃料の位置付け	備考
日本	エネルギー供給構造高度化法 目標：2017年度に50万 kL 対象：石油精製業者	ETBE	バイオエタノール：38.5万原油換算kL ≒ 63万kL (2015)	バイオエタノール：50万原油換算kL ≒ 83万kL (2017年度)	LCA での GHG 削減量が ガソリン比 50％以上		導入目標達成に際し、セルロース系エタノールは2倍カウント	揮発油税の免税措置あり
EU	再生可能エネルギー指令 (RED) 目標：2020年に輸送用燃料の10%（バイオ燃料以外の再生可能エネルギーを含む） 対象：加盟国政府にて目標達成	E5/E85/ETBE など国により異なる	バイオエタノール：274万 toe ≒ 537万kL バイオディーゼル：1115万 toe ≒ 1429万kL (2015)	バイオエタノール：370万 toe ≒ 725万kL バイオディーゼル：1746万 toe ≒ 2238万kL (JEC Biofuels Programme, EU renewable energy targets in 2020, 2014におけるシナリオ分析結果)	19の自主的持続可能性基準、おおよそ1つの国家基準を適用	輸出余力なし	導入目標達成に際し、セルロース系エタノールは2倍、4倍カウント（RED改正案では、航空・船舶向け先進型バイオ燃料のエネルギー含有量を1.2倍としてカウント）	各国にて税制優遇措置等あり
イギリス	再生可能燃料導入義務 (RTFO) 目標：2013/14年以降は輸送用燃料の5% 対象：年間 450 kL 以上の輸送用燃料供給事業者	E5/B7	バイオエタノール：41万 J toe ≒ 79万kL バイオディーゼル：52万 J toe ≒ 67万kL (2015)	バイオエタノール：174万 J toe ≒ 341万kL バイオディーゼル：246万 J toe ≒ 315万kL (National Renewable Energy Action Plan)	RED で認められた自主的持続可能性基準を適用	輸出余力なし	RED に準じる	RTFO 開始に伴い、減税措置は廃止
ドイツ	バイオ燃料割当法 (Biofuel Quota Ordinance) 目標：2020年までに GHG 排出量削減率6% 対象：燃料供給事業者	E5/B7	バイオエタノール：76万 J toe ≒ 148万kL バイオディーゼル：178万 J toe ≒ 228万kL (2015)	バイオエタノール：139万 J TBtu バイオディーゼル：227万 kL (USDA, EU Biofuels Annual 2016)	RED で認められた自主的持続可能性基準を適用	輸出余力なし	RED に準じる	
アメリカ	再生可能燃料使用基準 (RFS2) 目標：2020年に輸送用燃料の20% 対象：燃料供給事業者	E10、一部E15 B2/B5/B20	バイオエタノール：体積換算 5154万kL（全量バイオエタノールとみなした際の換算値） バイオディーゼル：566万kL (2015)	バイオエタノール：360億ガロン ≒ 1.36億kL (2022) バイオディーゼル：15億ガロン ≒ 566万kL (2015)	EPA が認めたバスウェイを指定	トウモロコシ由来エタノールの輸出可能性あり	導入義務としてセルロース系バイオ燃料、航空機用バイオ燃料に対する助成あり	先進型バイオ燃料、航空機用バイオ燃料に対する助成あり
ブラジル	ガソリン混合率の指定 E25（義務混合率の範囲内で需給バランス等を考慮して設定） B7 (2014年11月以降の義務) 目標：2019年までに10% 対象：燃料供給事業者	E100	バイオエタノール：2879万kL バイオディーゼル：400万kL (2015)	国内バイオエタノール需要：4400万kL 輸出量：350万kL (2024)	アグロエコロジカルゾーニング制度 (ZAE 制度) を施行	2015年現在、唯一の調達先国（約62万kL）（うち、アメリカ経由でETBEとして輸入しているエタノール量は約57万kL、ETBEに占めるエタノール分子量の割合で案分）	バイオガス利用等のセルロース系エタノール開発を推進	導入促進策としてセルロース系エタノール用車両への減税等あり
韓国	新エネルギーおよび再生可能エネルギーの開発・利用・普及促進法 (2015) 目標：輸送用燃料に占めるバイオディーゼルの混合燃料を2018年以降3.0% 対象：石油精製業者または石油輸入業者	B2	バイオディーゼル：49万kL (2015)	バイオディーゼル：B3 (～2018予定)		輸出余力なし	次世代バイオ燃料の開発を推進	（特段の動きはみられない）

14-5 バイオ燃料と持続的農業生産

a. バイオ燃料の特性と課題

14-2節で述べたように，バイオ燃料生産は，カーボンニュートラル，再生可能燃料，大気汚染防止，エネルギー安全保障への寄与，農業・農村振興といった観点から，当初はその導入が促進された．すなわち，気候変動や環境への影響等の側面が含まれていた．しかしここまでみてきたように，その本質は農業振興やエネルギー政策であろう．別の見方をすれば，農産物市場やエネルギー市場の動向，さらにはそれらのリンクによる不安定性等によって影響を受けることとなる．こういった影響に各国が設定する持続可能性基準が対応できるのか，検討する必要がある．

b. 農業振興・貧困緩和とエネルギー作物

では，バイオ燃料生産は，避けるべきなのであろうか．これは，必ずしもそうとはいえない．これまで各国家レベルのバイオ燃料政策について述べてきたが，そこには貿易をはじめとする経済政策も含む様々な政治的な思惑がからんでいる．これに対して，人類は古来，いわゆるバイオマスに依存した生活を行ってきており，それらは生態系サービスや里山といった概念で整理されている．

いずれにせよ，先進国と途上国とを問わず，いわゆる農村部ではバイオマスに依存する割合が都市部に比べて高い．とくに開発途上国農村部は十分なエネルギーが手に入りにくく，バイオマスに依存することが多い．さらにバイオマスの賦存量も含む，いわゆる自然資本を中心とした生計を営んでいる．これらのバイオマスを積極的に活用するバイオ燃料は，エネルギーの面から生計の改善に資する可能性があるだけでなく，新たな所得の稼得機会を創出し，さらに生計の改善に寄与する可能性をもつのである．これは，先進国で農村振興，開発途上国では貧困緩和と位置付けられるものである．日本において，震災復興や耕作放棄地対策としてエネルギー作物の栽培と利用が検討されているのは，その事例といえる．

その際，考えるべきことは，使用可能なバイオマス賦存量である．バイオマスの運搬コストも勘案した，収集範囲の設定が重要である．バイオマス量から生産可能なバイオ燃料のみを算定するのではなく，関連した農業生産やその他の生計を総合的に考え，その範囲全体としてのいわゆる循環系を確立して，人々の生計に貢献するような持続可能な社会を創出することが重要となる．それこそが，様々

な政策的思惑にとらわれない，バイオ燃料の利用可能性である． 〔松田浩敬〕

文　献

1) 大聖泰弘・三井物産編（2004）：図解 バイオエタノール最前線，工業調査会．
2) Fike, J. et al.(2005)：*Biomass Bioenergy*, **30**：198-206.
3) Graboski, M. S.(2002)：Fossil Energy Use in the Manufacture of Corn Ethanol, Prepared for the National Corn Gowers Association. http://citeseerx.ist.psu.edu/viewdoc/download?doi=10.1.1.170.7995&rep=rep1&type=pdf（2018年5月15日確認）
4) Hill, J. et al.(2006)：*Proc. Nat. Acad. Sci. U. S. A.*, **1038**(30)：11206-11210.
5) Hill, J.(2007)：*Agron. Sustain. Dev.*, **27**：1-12.
6) 久野秀二（2008）：農業農協問題研究，(38)：16-27．
7) 小泉達治（2007）：バイオエタノールと世界の食料需給，筑波書房．
8) 松村正利・サンケァフューエルス編（2006）：図解 バイオディーゼル最前線，工業調査会．
9) 三菱総合研究所（2017）：平成28年度石油産業体制等調査研究（バイオ燃料を中心とした我が国の燃料政策のあり方に関する調査）（バイオエタノール関連）報告書．
10) National Renewable Energy Laboratory Home Page. https://www.nrel.gov/（2018年5月15日確認）
11) 日本エネルギー学会編（2002）：バイオマスハンドブック，オーム社．
12) Parrish, D. J. and Fike, J. H.(2005)：*Crit. Rev. Plant Sci.*, **24**：423-459.
13) Searchinger, T. et al.(2008)：*Science*, **319**：1238-1240.
14) U. S. Environmental Protection Agency (2006)：A Comprehensive Analysis of Biodiesel Impacts on Exhaust Emissions Draft Technical Report.

索　　引

欧　文

ammonia fiver explosion
　　（AFEX）　106
Bioenergy Feedstock
　　Development Program　19
C_4型光合成　6
CGR　56
CO_2 explosion　106
DDGS　163
ETBE　133, 135
FIT　123
GIS　35, 48
Herbaceous Energy Crops
　　Research Program（HECP）
　　19
Indirect LUC（ILUC）　27
LAI　57
LAR　57
LCA　27, 29
LUC　27
LWR　57
NAR　57
native strategy　111
PKS　116
RDF　100
RGR　56
RPF　100
Saccharomyces cerevisiae　108
Saccharum complex　22
SLA　57
soil sheath　75
SSCF　110
WinRHIZO　64
Zymomonas mobilis　109

あ　行

アーミング酵母　108, 111
阿蘇地域　146
圧力スイング吸着法　112
アミラーゼ　103
アルカリ処理　105
アンモニア繊維爆砕処理　106

イオン液体処理　105
1号遊休農地　96
一貫バイオプロセス　108, 111
遺伝子組換え　109
稲わら　134
イノシシ害　145
いわき市　140
イングロスコア法　66
インドネシア　80, 162

ウェットミル法　107

栄養繁殖　49
エステル交換技術　100
エタノール発酵　103
エナジーケーン　16
エネルギー安全保障　136
エネルギー効率　8, 84
エネルギー作物　5, 11, 33, 42, 47,
　　127, 148, 152
エネルギー自給率　98
エネルギー収支　8, 32, 84
エネルギーの地産地消　98
エネルギー変換効率　83
エリアンサス　20, 44, 59, 70, 84,
　　92, 98, 139, 149, 152, 165

オーガニックランキングサイクル
　　（ORC）　117
オゾン処理　105
オンサイト酵素生産　108
温室効果ガス　2, 23, 26, 126

か　行

外皮　75
外来雑草　142
改良土壌断面法　64, 71
化学的前処理　104
可採年数　2
可採埋蔵量　31
化石エネルギー　4
褐色腐朽菌　104
下皮　75

株出し栽培　12
カーボンニュートラル　4, 31, 148,
　　157
刈取り　50
刈取り時期　85, 88
環境価値　93
含水率　87

逆浸透法　112
吸光係数　58
休耕田　129, 139
九州バイオマスフォーラム　147
共沸　103, 111
共沸剤　111
共沸蒸留法　14, 111
共沸点　111

グリホサート剤　142
グルコース　104

経済学的収量　55
経済的価値　93
結晶性セルロース　104
原発事故　142
ケーンハーベスター　87
兼用品種　130
原料作物　47, 149, 152

高位発熱量　101
公害問題　2
高貴種　12
耕作放棄地　28, 95, 125, 127, 139
酵素糖化法　107
荒廃地　95
厚壁組織　75
酵母　108
黒液　101
個体群生長速度　56
五炭糖　104, 108
固定価格買取制度（FIT）　114
米粉用米　127
米作日本一表彰事業　131
根系　70, 152

根系分布　64, 71
根圏　150
根圏微生物　150
根呼吸　150
根滲出物　150
根長密度　71
根毛　75
根量　154

さ　行

栽植間隔　46, 49
栽植密度　46
再生　78
再生可能エネルギー　4, 114
最適栽植密度　63, 68
最適葉面積指数　57
栽培システム　8
搾糖率　15
サトウキビ　12, 102
産出/投入エネルギー比　14, 25, 83
酸処理　105
酸糖化法　107

師管　77
事業価値　93
事業性評価　92
資源作物　132
資源植物　10
施設園芸　87
自然エネルギー　4
湿害　73, 140
湿式酸化　106
ジャイアントミスカンサス　140
社会の価値　93
周縁効果　53
収穫指数　55
周年供給　149
周年栽培　51
収量　55, 130
主食用米　127
純一次生産量　38
純同化率　57
消化液　118
蒸気透過法　112
条抜き多回刈り　51
蒸留　103, 111
植物残渣　47
食料安全保障　3, 125
食料自給率　125

シリカ　136
飼料用米　127
飼料用米多収日本一　131
新エネルギー　4
深根性　70
浸透気化法　112

水蒸気爆砕処理　106
スイッチグラス　19
水田　126
水田生態系　135
水熱ガス化　100
水熱処理　106
ススキ　146
ストレス耐性　6, 28, 75, 81
スマトラ島　39, 80

生産構造図　57
生産調整（減反政策）　130
生態系サービス　24
生長解析　57
生物化学的変換技術　101
生物学的収量　55
生物多様性　146
生物的前処理　104
世界食糧価格危機　32
積算葉面積指数　58
セシウム　142
節根　74
セルラーゼ　108
セルロース　104
セルロース系エネルギー作物　11, 18, 55, 84, 98
セルロース系原料　132
セルロース系バイオマス　32, 103, 148, 155
前処理　104

草原再生　147
相対照度　57
相対生長速度　56
層別刈取り法　57
草本系バイオマス　103
損傷風乾処理　91

た　行

第1世代バイオエタノール　102, 155
第1世代バイオ燃料　31, 42, 148, 157

耐湿性　72
ダイズ　162
耐水性　72
代替エネルギー　4
第2世代バイオエタノール　103
第2世代バイオ燃料　32, 42, 148, 155, 164
太陽光発電　4
多収性品種　129
立枯れ　85, 88
脱水　103, 111
脱落根　150
多年生作物　44
多年生草本植物　20, 55, 149
多面的機能　127
炭化技術　100
単行複発酵　110
炭素含有率　81
ダンチク　20

地域振興　147
地下部　150
地球温暖化　2, 31, 126
抽出蒸留法　111
中心柱　76
超音波処理　106
貯蔵器官　78
地理空間情報　36, 48
地理情報システム　35
通気組織　72, 76
通導能力　77

低投入　7, 28, 135
デンプン系エネルギー作物　11
デンプン系バイオマス　103
デンプン粒　77, 85
——の消長　78

ドイツ　121
糖化　107
導管　77
糖質系エネルギー作物　11
糖質系バイオマス　103
投入エネルギー　6, 83
糖蜜　13
トウモロコシ　102
十勝地域　120
土壌浸食　81
土壌炭素　165
土壌微生物　46

索　引

土壌有機炭素　150
土壌有機物　150
土地利用の変化　27
ドライミル法　107
トラッシュ　13

な 行

浪江町　87, 143
軟腐朽菌　104

2 号遊休農地　96
二酸化炭素爆砕処理　106
熱化学的変換技術　100
熱電併給（コジェネレーション）　101
熱分解ガス化　100
根の形成と枯死　66
根の現存量　66
根の深さ指数　152
ネピアグラス　19, 22, 33, 44, 70, 149, 152
燃料ペレット　145

農業残渣　26, 103
農業復興　93
濃縮　103, 111
農地中間管理機構　128
農林業センサス　95, 128
野焼き　147

は 行

バイオエタノール　6, 13, 87, 98, 101, 129, 157
バイオガス発電　114, 117
バイオソリッド　100
バイオディーゼル　157, 159
バイオ燃料　6, 148, 156
バイオ燃料生産拠点確立事業　102
バイオ燃料地域使用モデル実証事業　132
バイオマス　4, 114
バイオマスエネルギー　4, 126
バイオマス活用推進基本計画　132
バイオマス活用推進基本法　132
バイオマス産業都市　120, 129
バイオマス事業化戦略　132

バイオマス生産性　6, 59, 63, 85
バイオマスタウン構想　138
バイオマス・ニッポン総合戦略　5, 132
バイオマス賦存量　167
バイオマスボイラー　136
バイオマス利用　136
バイオリファイナリー　106
廃棄物系バイオマス　5, 102
バガス　13, 25, 102
白色腐朽菌　104
発酵　108
バヒアグラス　19
バミューダグラス　19
パームヤシ　162
パームヤシ殻　116
パーム油　162

ピークオイル　2
東日本大震災　92, 95, 140, 142
非晶性セルロース　104
ビナス　14
非農地　34, 42, 63, 80, 149, 165
比葉面積　57
貧栄養　49

ファイトマー　49
ファイトレメディエーション　29
風乾　91
風力発電　4
物理化学的の前処理　106
物理的前処理　104
物理的変換技術　100
フード・アクション・ニッポン　126
ブラジル　102, 159
プラントキャノピーアナライザー　60
ブリケット　133
不良土壌条件　80
フルクトース　104
フレックス燃料車　159
分げつ　49
粉砕　100, 104

並行複発酵　110
ヘミセルラーゼ　108
ヘミセルロース　104
ペレット　6, 129

ペレット化　87, 92, 98, 134
放射性物質　142
ホールクロップサイレージ（WCS）　130

ま 行

真庭市　120
間引き　63
マレーシア　162

ミスカンサス　19
南阿蘇村　141
未利用系バイオマス　5, 102
未利用地　42, 149
民族植物学　10

無水エタノール　103

メタン発酵　114
メタン発酵技術　101
モアコンディショナ　90
木質系バイオマス　103
木質バイオマス発電　114
もみ殻　129, 133

や 行

野生種　12

遊休農地　95
有機溶媒処理　105

葉重比　57
葉面積指数　57
葉面積比　57

ら 行

リードカナリーグラス　20
リグニン　25, 28, 101, 104
リグノセルロース　104
リグノセルロース系バイオマス　164
立毛乾燥　88
リモートセンシングデータ　37
流動キャビテーション処理　106

六炭糖　104, 108

編著者略歴

もり た しげ のり
森田茂紀

1954年　神奈川県に生まれる
1983年　東京大学大学院農学系研究科博士課程修了
現　在　東京農業大学農学部教授
　　　　東京大学名誉教授
　　　　農学博士

シリーズ〈農学リテラシー〉
エネルギー作物学　　　　　定価はカバーに表示

2018年7月5日　初版第1刷

編著者　森　田　茂　紀
発行者　朝　倉　誠　造
発行所　株式会社　朝　倉　書　店

　　　　東京都新宿区新小川町6-29
　　　　郵便番号　162-8707
　　　　電話　03(3260)0141
　　　　FAX　03(3260)0180
　　　　http://www.asakura.co.jp

〈検印省略〉

Ⓒ 2018〈無断複写・転載を禁ず〉　　　新日本印刷・渡辺製本

ISBN 978-4-254-40562-0　C 3361　　　Printed in Japan

JCOPY 〈(社)出版者著作権管理機構　委託出版物〉

本書の無断複写は著作権法上での例外を除き禁じられています。複写される場合は，そのつど事前に，(社)出版者著作権管理機構（電話 03-3513-6969，FAX 03-3513-6979，e-mail: info@jcopy.or.jp）の許諾を得てください。